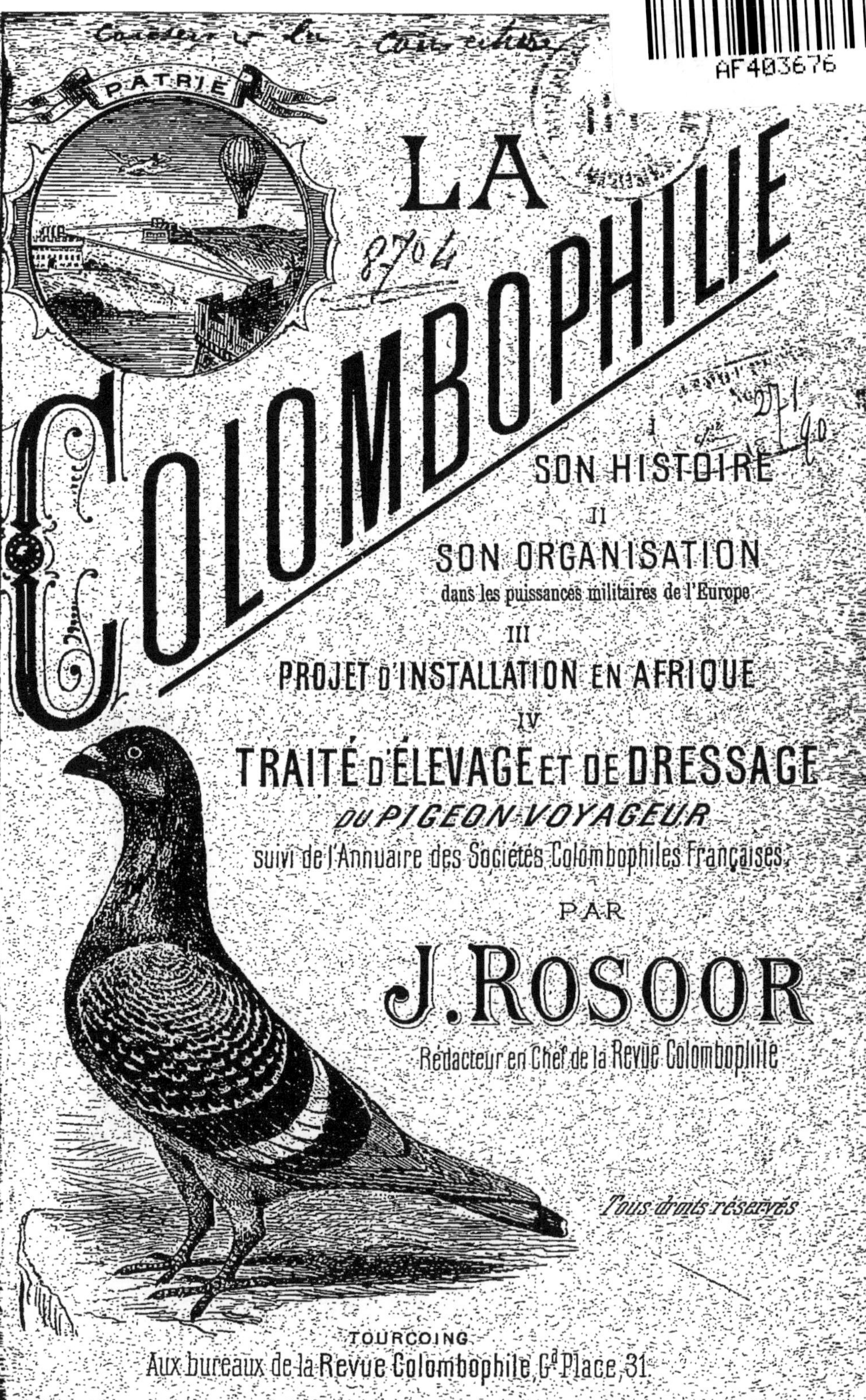

LA COLOMBOPHILIE

SON HISTOIRE

II

SON ORGANISATION

dans les puissances militaires de l'Europe

III

PROJET D'INSTALLATION EN AFRIQUE

IV

TRAITÉ D'ÉLEVAGE ET DE DRESSAGE

DU PIGEON VOYAGEUR

suivi de l'Annuaire des Sociétés Colombophiles Françaises

PAR

J. ROSOOR

Rédacteur en Chef de la Revue Colombophile

TOURCOING

Aux bureaux de la Revue Colombophile, G⁴ Place, 31

LA COLOMBOPHILIE

I
SON HISTOIRE

II
SON ORGANISATION
dans les puissances militaires de l'Europe

III
PROJET D'INSTALLATION EN AFRIQUE

IV
TRAITÉ D'ÉLEVAGE ET DE DRESSAGE
DU PIGEON-VOYAGEUR
suivi de l'Annuaire des Sociétés Colombophiles Françaises.

PAR

J. ROSOOR

Rédacteur en Chef de la Revue Colombophile

TOURCOING
Aux bureaux de la Revue Colombophile, G.ᵈ Place, 31.

(C.)

LA COLOMBOPHILIE

Un panier de pigeons-voyageurs
renferme un problême à désespérer
les Académies.

A. DE GASPARIN.

INTRODUCTION

Un coup d'œil sur la Nature. — Le règne animal. — Les oiseaux. — Le pigeon-messager ; ses courses ; sa vitesse ; sa vue ; sa mémoire ; son instinct d'orientation. — Définition de l'instinct. — Le pigeon-voyageur en Afrique. — Utilité et nécessité d'un service de poste aérienne sur le Continent Africain. — Supériorité de la correspondance par pigeon-voyageur sur le télégraphe ordinaire, le télégraphe optique et les ballons. — But et Plan de cet ouvrage.

Celui qui observe attentivement la Nature pour en admirer la merveilleuse organisation, s'aperçoit vite que, tout en ayant accumulé dans le sein et à la surface du globe d'incalculables richesses, elle a réservé pour le règne animal, et les oiseaux en particulier, ses privilèges et ses faveurs.

C'est dans le silence et le secret qu'elle engendre sous terre, au fond des mers, dans le lit des fleuves, les pierres et les riches métaux qu'en extrait l'industrie. Le règne minéral est muet, insensible et sans vie apparente.

Les plantes embellissent la surface de notre planète dont elles sont la brillante parure ; elles y jettent leurs racines, mais sont rivées au sol et ne vivent que dans cette captivité. Le règne végétal ne représente qu'un décor, assurément magnifique, mais dépourvu, lui aussi, de sensibilité.

Les animaux, dont l'innombrable variété peuple la surface et l'intérieur du globe, ont été mieux partagés. Ils se meuvent, agissent, la plupart avec réflexion, discernent, sentent, passent d'une mer à l'autre suivant leurs besoins, émigrent vers d'autres contrées dès qu'ils ne trouvent plus de quoi vivre dans celles qu'ils habitent. Beaucoup d'entr'eux connaissent et chérissent leur maître ; d'autres partagent les travaux de l'homme dont ils sont les sujets fidèles et soumis.

L'animal a des sensations : il se plaint, se réjouit, se souvient d'une caresse et se régimbe devant la brutalité ; il sait aimer et haïr.

Mais, de tous les animaux, les oiseaux ont été le plus particulièrement favorisés. Il y a dans leur structure tant d'art et d'harmonie qu'elle se trouve appropriée au genre de vie et aux besoins de chacun.

Tout, chez eux, a sa raison d'être et concourt non seulement à faciliter leur existence, mais à l'orner et l'embellir.

Leur brillante livrée fait notre admiration ; leurs chants nous réjouissent. Nous leur ravissons la liberté, et loin de nous maudire, ils sont encore la gaieté du foyer, qu'ils habitent la chaumière ou le château somptueux.

Il est certain, écrit un auteur distingué, que rien n'est imparfait dans l'organisation des êtres, que tout est adapté aux conditions de milieu, et disposé pour le but à atteindre ; c'est ainsi que la structure de l'oiseau présente une charpente légère. Destiné à vivre dans l'air, il devait avoir moins de pesanteur que les poissons, qui vivent dans l'eau, ou que les mammifères, qui passent leur vie sur la terre. Tout cela a été prévu, calculé ; aussi, à mesure que les oiseaux avancent en âge, qu'ils prennent de la consistance, de la densité, leurs os longs s'évident et deviennent fistuleux, ce qui leur permet de donner accès à l'air dans leur intérieur ; de telle sorte que l'air, qui est élément essentiel de l'oiseau, pénètre toute son organisation et en fait l'être de toute la nature qui respire le plus.

Le Créateur a étendu la liberté et grandi l'indépendance de l'oiseau, en lui permettant à tout instant de franchir les obstacles qui se dressent sur sa route et de se dérober à la poursuite de ses ennemis, pour gagner un élément où ils ne peuvent l'atteindre et d'où il dédaigne les animaux terrestres comme des êtres lourds et rampants.

Le pigeon-messager n'a pas été le moins bien partagé dans cette prodigalité de la Nature envers les oiseaux.

Élégant et fier, vigoureux et bien taillé pour ses courses aériennes, le pigeon-voyageur, tel que nous l'ont fait des sélections judicieuses, est un oiseau admirablement organisé, autant sous le rapport de la constitution qu'au point de vue des qualités instinctives.

Buffon a donné, des mœurs du pigeon, un portrait que la sincérité nous oblige de reconnaître exagéré. Néanmoins, nous ne pouvons résister au désir de citer le grand naturaliste, bien qu'il ait sacrifié la réalité à l'élégance du style et au charme du coloris.

Tous les pigeons, écrit-il, ont des qualités qui leur sont communes, l'amour de la société, l'attachement à leurs semblables, la douceur des mœurs, la chasteté, c'est-à-dire la fidélité réciproque et l'amour sans partage du mâle et de la femelle ; la propreté, le soin de soi-même qui suppose l'envie de plaire ; l'art de se donner des grâces, qui le suppose encore plus ; les caresses tendres, les mouvements doux, les baisers timides, qui ne deviennent intimes et pressants qu'au moment de jouir : ce moment même ramené quelques instants après par de nouveaux désirs, de nouvelles approches également nuancées, également senties : un feu toujours durable, un feu toujours constant et pour le plus grand bien encore, la puissance d'y satisfaire sans cesse ; nulle humeur, nul dégoût, nulle querelle ; tout le temps de la vie employé au service de l'amour et au soin de ses parents ; toutes les fonctions pénibles également réparties, le mâle aimant assez pour les partager et même pour se charger des soins maternels, couvant régulièrement à son tour et les œufs et les petits, pour en épargner la peine à sa compagne, pour mettre entr'elle et lui cette égalité dont dépend le bonheur de toute liaison durable. Quels modèles pour l'homme, s'il pouvait ou savait les imiter !

Assurément, Buffon n'était pas un colombophile ; s'il y a du vrai dans son tableau, certains tons y sont forcés. Mais de ce que le savant écrivain ait brodé quelque peu, il ne s'en suit pas que la réalité soit au désavantage du pigeon.

Non, ses qualités ne sont pas la et c'est un grand tort de nous le proposer pour modèle.

Dans un style imagé, mais vrai, un écrivain arabe, Abou-

Lkasem, a vanté les services que rend à l'homme le pigeon-
messager.

> Les pigeons, dit-il, qui portent des lettres sont une merveille de la
> toute-puissance divine, digne de notre admiration et de nos hommages...
> Comment pourrions-nous ne pas admirer en eux l'ouvrage du Tout-
> Puissant, puisque dans un court espace de temps, ils rendent une lettre
> que le courrier le plus diligent ne pourrait emporter qu'en plusieurs
> jours ? Ils ne se lassent point de remplir leur service, et surpassent tout
> ce que l'on peut imaginer, par leur célérité à transmettre des nouvelles ;
> remplissant fidèlement la mission dont ils sont chargés, ils confirment
> le proverbe qui leur donne la dénomination *d'oiseaux d'heureux présage*.
> Certes ils l'emportent de beaucoup sur les messagers terrestres, les
> nuages sont leurs rênes ; l'air est la carrière qu'ils parcourent ; leurs
> ailes sont leur monture ; les vents, leur escorte. Ils ne redoutent dans les
> routes ni les brigands des déserts, ni les dangers des passages périlleux.

Puisque ce vaillant coursier est le principal acteur que nous
mettons en scène, nous l'allons présenter aux lecteurs qui
voudront bien nous suivre dans nos démonstrations.

Prenons-le *ab ovo*.

Il éclôt après dix-huit jours d'incubation. C'est alors la
faiblesse même. Après huit jours, il a décuplé : son duvet
jaunâtre fait place à des barbes d'où sortent bientôt les plumes.
Quinze jours plus tard, il est plumé. Au vingt-cinquième jour,
il se nourrit seul et sort du nid ; au trentième, il prend le toit.
C'est son observatoire.

De là, il examine l'horizon, photographie dans son cerveau
les sites et les habitations qui l'entourent. Après une première
sortie, il s'attache à son toit natal et ne l'abandonne plus.
C'est avec les plus grandes difficultés qu'on l'aduira (1).

A deux mois, le jeune pigeon peut être entraîné à des
distances de 50, 100 et même 200 kilomètres.

Il vaut évidemment mieux l'exercer dans un périmètre
raisonnable et attendre qu'il ait cinq et six mois.

Nous ne citons les exemples suivants que pour donner une
idée de ce qu'il peut, si près encore du nid. M. Longrée, de

---

(1) Aduire un pigeon, c'est l'habituer à un nouveau domicile.

Waremme lez-Liège, a fait exécuter le voyage de Paris à Liège par un pigeon âgé de deux mois; M. Jacobs, de Ninove, a lâché à Marseille des jeunes de l'année qui en sont bien revenus; M. Cassiers, de Paris, a imposé avec succès à des jeunes de six mois le voyage d'Agen à Paris, soit 600 kilomètres.

Mais le bon sens veut qu'on n'impose pas plus de 200 kilomètres aux jeunes de l'année.

A sa seconde année, le pigeon peut entreprendre des courses de 300 kilomètres; à sa troisième, des voyages de 700 à 800 kilomètres.

A sa quatrième, il résiste aux plus grandes épreuves. Les concours de Rome, de Calvi, de Lisbonne et de Madrid, organisés par les sociétés belges, en sont la preuve.

En 1856, les pigeons de Liège revinrent de Rome en sept jours; en 1868, le treizième jour; en 1878, le quinzième jour.

En 1879, les pigeons de Liège rentrèrent de Madrid le septième jour; en 1881, les pigeons de Charleroi accomplirent le même voyage en quatre jours.

Non seulement le pigeon-voyageur fournit les plus longs trajets, mais il les accomplit avec une étonnante rapidité. Sur des voyages de 300 à 600 kilomètres sa vitesse moyenne est de 1200 mètres à la minute (1); il traverse la France d'une seule volée, et sans fatigue apparente lorsque les éléments ne le contrarient pas.

En 1888, au concours de Calvi, le premier pigeon lâché à 1000 kilomètres de Verviers, a mis vingt-sept heures pour rentrer au logis; ce tour de force dépasse l'imagination et donne la mesure de ce qu'on peut obtenir de l'instinct et du courage de ces intrépides voyageurs.

Le pigeon-messager l'emporte de vitesse sur nos express les les plus rapides.

La *Pall Mall Gazette* a raconté les péripéties d'une lutte entre un train express portant les dépêches du continent et un

---

(1) La vitesse d'un pigeon-voyageur s'obtient en divisant la distance parcourue par le temps employé à la franchir. Le quotient donne ce qu'on appelle la *vitesse-propre*.

pigeon chargé d'un message pour l'ambassade de France, sur la ligne de Douvres à Londres.

L'express marchait à toute vapeur avec une vitesse de 60 milles à l'heure.

Quand le rapide fit son entrée dans la gare de Cannon-street, le pigeon était déjà dans son colombier depuis vingt minutes, c'est-à-dire qu'il y était arrivé avec une avance équivalente à 18 milles.

Il ne faut pas seulement au pigeon de l'énergie et une puissance musculaire considérables pour dévorer l'espace ; l'étendue et la perfection de la vue sont des coadjuteurs indispensables qui lui permettent de déployer toute sa force et sa rapidité.

L'étude anatomique de l'œil chez le pigeon a prouvé qu'il voyait de très près et de très loin ; entre la pointe du bec et l'œil la distance est bien petite ; et pourtant avec quelle adresse et quelle rapidité le pigeon ne choisit-il pas, dans la mangeoire, le grain préféré !

D'autre part, quand le pigeon rentre de voyage et se rapproche de sa localité, à 30 et 40 kilomètres de distance, il a déjà reconnu son colombier bien avant que nous puissions l'apercevoir.

Pour obtenir ces résultats, la Nature a muni l'œil du pigeon de deux membranes : l'une, extérieure, couvre le devant de l'organe comme un rideau mobile, l'autre, intérieure, se dirige vers le cristallin et tend à varier le cercle de la vision et à lui donner une étendue incommensurable.

Chez l'épervier, le milan, l'aigle et tous les oiseaux dont le vol est puissant, rapide et direct, comme celui du pigeon, le sens de la vue atteint à une extrême perfection et son mécanisme permet à l'œil d'exécuter avec promptitude les mouvements les plus variés.

A une vue perçante, le pigeon-voyageur joint une surprenante mémoire.

Il suffit qu'un jeune pigeon ait séjourné 24 heures sur le toit natal, pour qu'il s'y attache et ne l'oublie plus.

Au second voyage, dans la même direction, il reconnaît déjà les clochers, les tours, les cours d'eau et jusqu'aux habitations qu'il a une première fois rencontrés sur sa route.

Les vieux pigeons qui sont achetés dans les ventes publiques et retenus pour l'élevage dans des volières ou des greniers, dès qu'ils parviennent à s'échapper, même après plusieurs années de séquestration, s'en retournent au colombier qui a vu leurs premiers ébats.

Mais, il faut au pigeon mieux encore que la vue et la mémoire pour retrouver son colombier à travers des contrées qu'il n'a jamais parcourues.

Tous les ans, quand on met en route les jeunes pigeons, chacun de nous extasié se demande comment il est possible qu'après un premier tour de paniers à quelques kilomètres, on puisse, avec les plus grandes chances de retour, si le temps est favorable, les lancer à 100, 200 ou 300 kilomètres.

Après s'être vainement creusé l'esprit, on finit par se dire : c'est l'instinct !

Mais qu'est-ce que l'instinct ?

Bien des auteurs en ont donné des définitions plus ou moins fantaisistes. Nous n'avons nullement la prétention de trancher cette mystérieuse question. Nous l'allons simplement examiner en amateur colombophile, échafaudant notre argumentation sur des faits dont il nous a été cent fois permis de contrôler l'exactitude.

Le pigeon-voyageur est un navigateur aérien, d'une excessive impressionnabilité, mais il n'a pas, comme les marins, de boussole pour se guider et encore moins de traités cosmographiques à sa portée : il fait pourtant son point. Il faut donc admettre qu'il obéit à des notions secrètes. Quelles sont-elles ? C'est le voile que nous allons témérairement soulever.

Nous appuyerons notre raisonnement sur deux points principaux que nous développerons.

Le premier, c'est que le pigeon-voyageur a la notion exacte du temps et connaît la place qu'occupe le soleil aux différentes heures du jour. En combinant ces deux éléments, il saisit immédiatement la direction qu'il doit suivre pour arriver au pays natal.

Comme le pâtre errant dans les immenses plaines où nulle route n'est tracée et qui, à la tombée du jour, se guide sur l'étoile polaire pour se diriger sans hésitation vers le bercail où le troupeau doit passer la nuit, le pigeon-voyageur doit, lui, se guider sur le soleil.

Nous n'avons pas, nous autres, la notion du temps, et si l'on nous enfermait dans une chambre obscure seulement deux jours, nous perdrions toute appréciation au point d'ignorer s'il fait nuit ou s'il fait jour.

Mais qu'on nous transporte, les yeux bandés, dans n'importe quel pays, du moment où nous avons une montre qui marque l'heure, il nous suffira, le bandeau enlevé, de voir où le soleil se trouve pour dire sans hésitation : c'est de ce côté que je dois me diriger pour arriver dans mon pays.

S'il est midi, je tournerai le dos au soleil et figurant la rose des vents, je m'orienterai de suite, sachant que j'ai le Nord devant moi. S'il est cinq heures du matin, je dois savoir que le soleil est à l'Est, et si on me lâchait comme un pigeon, je dirigerais mon vol à gauche pour revenir vers le Nord.

Ces notions sont élémentaires pour nous, elles sont innées chez le pigeon qui, dès sa première sortie, pour s'en pénétrer, reste longtemps à inspecter l'horizon et à s'orienter.

Donc le soleil, qui fait ici l'office de bâteau-feu, peut à tout instant du jour guider le pigeon.

Il est encore admissible que le pigeon, sans même avoir besoin de consulter le soleil, connaisse les quatre points cardinaux ; le vent les lui indiquera. Nous apprécions bien nous-mêmes que le vent souffle du Nord lorsqu'il fait froid ou frais ; que de l'Ouest, il nous arrive imprégné d'humidité ; qu'à l'Est, il est sec, et au Sud accablant et chaud. Avec ces éléments d'appréciation le pigeon peut encore parfaitement s'orienter.

Soleil ou vent, peu importe.

Le second point que nous voulons démontrer, c'est que le

pigeon-voyageur a parfaitement conscience de la température moyenne de son pays natal et qu'il tend toujours à s'en rapprocher, en recherchant, pour le retour, des courants favorables et des couches aériennes uniformes.

Pour prétendre le contraire, il faudrait soutenir que les perturbations atmosphériques n'ont aucun empire sur le pigeon. Or, il est facile de démontrer qu'il en subit, au contraire, dans son travail d'orientation, toutes les influences et qu'il obéit à des courants électriques qu'on ne pourrait nier.

Quel que soit le temps, l'air, suivant qu'il est plus ou moins humide, est aussi plus ou moins chargé d'électricité. Cette électricité, quand le temps est calme, agit uniquement dans les couches les plus élevées de l'atmosphère. Le retour des pigeons s'effectue alors dans les meilleures conditions. Le pigeon vole très haut, se maintient toujours à la même altitude et dans un courant qui n'est pas troublé.

Au contraire, quand le ciel est couvert, quand l'air est lourd et que nous avons peine à respirer, l'électricité agit plus près de terre. Il s'en suit que si le brouillard, la grêle, les averses et les orages contrarient les pigeons, toutes les couches aériennes se trouvent bouleversées et les pigeons absolument désorientés. Il faut alors que le pigeon cherche avec peine une nouvelle route et de nouveaux courants.

Dans ce cas, les rentrées se font attendre et plus d'un colombophile baille aux corneilles. Tel concours, clôturé huit jours auparavant en quinze minutes, ne l'est qu'après plusieurs heures. Le pigeon vole très bas, péniblement, et se fatigue davantage, car il vole d'autant plus facilement qu'il est plus haut, comme le nageur se fatigue d'autant moins que la mer est plus profonde.

Des faits que personne ne pourrait nier semblent prouver que le pigeon se fait immédiatement à son milieu, à son climat, et à sa place sous le soleil.

De jeunes pigeons nés, par exemple, dans le Nord s'égareront très facilement si on les aduit dans le Midi. Ils auront été à ce point troublés dans leur premier travail d'orientation que leurs facultés en subiront le contre-coup et que vous ne retrouverez les qualités de leur race qu'après une ou deux générations. Evidemment, cette règle, comme toutes les autres, a ses exceptions, mais on a souvent constaté que le bon pigeon est celui qui vole dans la région où il est né.

Importez en France des jeunes pigeons nés à Anvers, Liège ou Verviers, et provenant des premiers amateurs du pays, n'allez pas vous imaginer que, du premier coup, vous allez tenir la tête et dépasser les pigeons Français. Il faudra que ces jeunes aient fait souche ; ce n'est qu'après deux ou trois ans que vous vous apercevrez qu'ils étaient des pigeons de valeur, et ceux que vous aurez élevés chez vous, dans votre contrée, vaudront mieux que leurs parents achetés là-bas. De même que la plante ne trouve toute sa vigueur que là où elle a pris racine, de même aussi le pigeon n'acquiert toute sa valeur qu'au pays natal.

Il s'en suivrait que le jeune pigeon saisirait de suite la température de la zone où il est né, et qu'on le troublerait dans ses qualités instinctives en le transportant dans une autre.

Certains pigeons sont plus impressionnables que d'autres et conséquemment plus aptes à s'orienter vite et bien.

La vue et la mémoire jouent certainement un rôle important dans le retour, mais elles ne viennent en aide qu'au moment où le pigeon atteint des contrées déjà parcourues, ou lorsqu'arrivé à 40 kilomètres, il peut découvrir son pays.

Elles ne jouent dans l'orientation qu'un rôle secondaire et ne suffisent pas à expliquer les qualités du pigeon-voyageur. Ont-elles seules pu guider les pigeons de Calvi à travers les horizons sans fin de la Méditerranée ? Le soleil et l'appréciation d'une température méridionale les ont évidemment dirigés ; ils ont cherché leur climat, de zone en zone, jusqu'à ce qu'ils aient trouvé la leur.

Ou c'est la course du soleil, combinée avec la notion exacte de l'heure qui se rapporte à ses diverses hauteurs au-dessus de l'horizon, ou encore un sentiment profond et inné de retrouver son climat en s'aidant de courants favorables au vol, qui guide le pigeon-voyageur lâché dans de lointains pays.

L'instinct, c'est l'un ou l'autre, ou mieux encore l'un et l'autre.

D'aucuns mettent en avant la mémoire, la vue, la tenacité et la parfaite organisation mécanique du pigeon.

Ce qu'ils déclarent les principaux agents de l'orientation ne sont que des sous-agents, et nous l'allons démontrer.

Evidemment la mémoire et la vue peuvent seules donner des points de repère aux jeunes pigeons qui prennent le toit et les ramener, après quelques jours d'absence, au logis. Elles ne dépassent pas, dans ce cas, le rayon que nous leur assignons.

Mais quand on aura lâché des pigeons-voyageurs à 400 kilomètres, après des dressages qui n'en auront pas dépassé 100, quel sera le rôle de la mémoire et de la vue ? Suffiront-elles à ramener les voyageurs à leur pigeonnier ?

La mémoire ne peut leur venir en aide qu'en des pays déjà parcourus. Or, les contrées qu'ils traversent leur sont absolument étrangères.

La vue sera-t-elle un guide infaillible ? Elle joue toujours un rôle important, elle est indispensable à tout être qui se meut, mais ce rôle, à cette distance et au point de vue du retour, n'est encore que secondaire. La vue joue son rôle dans la dernière phase de la lutte, alors que le pigeon peut découvrir sa contrée et seulement sur une étendue de 40 kilomètres.

Ne semble-t-il pas que l'instinct d'orientation soit tout à fait indépendant de la vue, puisque dans leurs migrations bien des oiseaux voyagent la nuit et dans la plus profonde obscurité ?

Sans aller aussi loin, nous reconnaissons que la vue est un guide indispensable au pigeon-voyageur. S'il s'égare facilement ou tâtonne longtemps lorsque l'atmosphère est chargée de brouillards, c'est que ce rouage secondaire ne fonctionne pas et l'orientation devient, non pas impossible, mais difficile.

On peut en conclure que l'instinct n'est pas infaillible. S'il l'était, nous verrions le pigeon voyager aussi vite et aussi bien par tous les temps. Mais quand la brume lui met pour ainsi dire un bandeau sur les yeux, il marche avec hésitation.

Si l'instinct était infaillible, nous verrions tous les pigeons marcher dans les mêmes conditions.

Mais s'il est vrai, par exemple, que nous naissons tous avec un certain degré d'intelligence, les uns sont plus favorisés que les autres. Il y a des hommes de génie, des esprits remarquables, des individus bornés. Tous ont besoin, pour atteindre un degré supérieur ou s'y maintenir, de développer ou d'entretenir par l'étude leurs facultés intellectuelles.

Appelons l'instinct, l'esprit des pigeons (1), nous serons dans le vrai. Vous aurez beau travailler une nature mal partagée sous le rapport intellectuel, vous y perdrez votre temps. La mémoire et l'étude développent l'esprit, mais ne le donnent pas.

Qui donc ramène le pigeon et lui indique sa route ? On admet l'instinct d'orientation. Et cette orientation sur quoi veut-on qu'elle s'appuie ?

L'an dernier, un amateur de Rennes engage par erreur dans un concours de 200 kilomètres un jeune pigeon qui n'avait jamais été entraîné. Cela ne l'a pas empêché d'être de retour le lendemain. Qu'on nous explique ce fait uniquement par la mémoire et la vue ?

M. Verrulst, de Courtrai, a fait exécuter au même pigeon et dans le même mois, sans entraînements préalables, les voyages de Paris, Londres, La Haye et Cologne. N'a-t-il pas fallu à ce sujet remarquable autre chose que la mémoire, la vue et une bonne constitution ? Comment sortir de cette épreuve sans avoir l'appréciation certaine des quatre points cardinaux ?

Tous les êtres bien organisés ont en partage, en naissant, la mémoire et la vue. On fait des dressages, non pas pour créer l'instinct qui est inné et d'autant plus développé que la masse cérébrale du pigeon est plus impressionnable, mais pour exercer le pigeon aux fatigues, l'entraîner comme un cheval de sang et développer en lui la volonté du retour. S'il n'a pas l'instinct d'orientation suffisant, ce ne sont ni la mémoire, ni la vue, ni les entraînements, ni une constitution robuste qui en feront un pigeon sûr.

---

(1) A consulter : Toussenel, *Esprit des bêtes.*

Un pigeon de basse-cour a, lui aussi, la mémoire locale ; il retrouve son pigeonnier. Il a la vue tout aussi développée qu'un autre. Il est solide et bien constitué. Il ne reviendra pas d'un voyage à quelques kilomètres !

L'instinct est donc le premier agent du retour.

Si les entraînements et les voyages faisaient seuls le bon pigeon, pourquoi verrions-nous payer cinquante et cent francs une paire de jeunes au nid ?

Pourquoi, dans des ventes, rechercherait-on des descendants de tel ou tel sujet ?

Pourquoi les paierait-on leur poids d'or, *même lorsqu'ils n'ont jamais fait un voyage ?* Uniquement parce qu'ils proviennent d'une race renommée qui a donné des témoignages éclatants d'un instinct héréditaire.

L'oiseau migrateur et le pigeon-voyageur obéissent à des lois secrètes. Il ne leur suffit pas d'ouvrir les ailes pour s'enlever là où ils désirent aller. Ils doivent nécessairement trouver dans l'espace ou dans l'atmosphère des guides certains.

Tous nos aéronautes ont dit quelle était l'influence des courants aériens. Ne cherchent-ils pas avant tout, dès qu'ils s'élèvent dans l'air, un courant favorable dans lequel ils se maintiendront avec avantage ?

Qu'y aurait-il d'étonnant à ce que nos pigeons-voyageurs, qui sont de véritables ballons dirigeables, en fissent autant ?

Les migrateurs choisissent toujours des vents favorables.

D'aucuns ne croient pas au grand secours que le soleil peut apporter dans l'orientation ? Sur quoi donc nous réglerions-nous si nous faisions fi du soleil, qui est la seule véritable horloge, la seule boussole à laquelle on puisse s'en rapporter infailliblement ?

D'autres se rient des appréciations de température qui ne doivent certainement pas échapper au pigeon. Comment nous expliqueront-ils pourtant que l'hirondelle quitte le Nord lorsqu'elle n'y retrouve plus la température qui lui est nécessaire et que, sans entraînements préalables, elle passe en Afrique pour nous revenir au printemps suivant !　　2

Cette influence de la température est bien plus frappante dans les migrations des poissons, car la mer a ses secrets comme l'atmosphère.

A date fixe et suivant toujours le même itinéraire, aux premiers jours du printemps, les harengs, les sardines, les maquereaux descendent la mer du Nord, côtoient l'Islande et les Iles Britanniques, se jettent dans l'Atlantique, franchissent le détroit de Gibraltar et longent l'Italie, la Sicile et la Grèce. Quand l'heure du retour a sonné (et cette heure est réglée sur la température), ceux qui ont échappé aux filets regagnent l'Atlantique, mais, au lieu de repasser par les Iles Britanniques, gagnent la Manche, la mer du Nord et s'en reviennent là d'où ils sont partis.

Les entraîne-t-on ?

La mémoire et la vue y font-elles grand'chose ?

Qu'on nous explique cela, autrement que par les courants et l'appréciation de la température ?

Comme nous l'avons dit, nous n'avons pas la prétention de trancher une question sur laquelle on ne peut d'ailleurs établir que des hypothèses. Nous avons cherché à expliquer l'instinct d'orientation en nous basant sur des probabilités et non sur des invraisemblances.

Nous avons dit plus haut à quels résultats étonnants on arrivait en travaillant des oiseaux si bien doués.

Et cependant dans les pays du Nord, quelles difficultés ne rencontrons-nous pas dans l'élevage, les entraînements et les voyages !

Nous avons, dans nos régions, des mois souvent très incléments. Celui qui se livre à l'élevage en janvier ou février voit souvent ses premières couvées ravagées par des nuits glaciales ou des journées humides et froides.

Nous ne pouvons guère commencer nos entraînements avant fin avril, à cause des brouillards que le soleil n'arrive à dissiper souvent que bien tard, tant ils sont intenses.

Même dans nos belles journées, alors que les yeux se

reposent sur un ciel d'un bleu limpide, l'horizon est souvent vaporeux et se noye dans la buée.

Dans les mois où le pigeon, renouvelé de la tête aux pieds, se trouve dans toute sa vigueur et sa beauté, nous ne pouvons, à cause des intempéries de la saison, compter sur sa régularité. Notre mer aérienne est à peine navigable (1).

Bref, la colombophilie n'y peut fonctionner dans de bonnes conditions que six mois sur douze.

Il est certain que l'élevage et le dressage des pigeons-voyageurs se pratiqueraient en Afrique avec de plus grandes chances de réussite que dans les pays du Nord.

Ce pays du soleil est aussi le pays par excellence du pigeon-messager. Il y a dix siècles déjà que le service des communications par voie aérienne y fonctionnait dans des conditions à nous faire envie.

On ne saurait donc douter de la réussite certaine qu'on y obtiendrait d'une bonne installation et de soins entendus.

Notre pigeon-voyageur s'acclimaterait facilement dans les régions où le soleil est ardent et même redoutable. Ne le voyons-nous pas supporter, sans être incommodé, les rayons d'un soleil tropical, et séjourner souvent, aux jours de canicule, sur des plates-formes brûlantes où l'épiderme le moins sensible ne tiendrait pas? Il a été importé d'Afrique en Europe : en l'exportant en Algérie et en Tunisie, nous ne ferions que le rendre à sa patrie.

Voici, d'ailleurs, des documents qui prouvent que nous n'allons pas nous heurter à des utopies et qu'on a récemment utilisé en Afrique nos pigeons-voyageurs.

C'est d'abord une lettre écrite à M. le président de la Société colombophile de Marseille, qui nous l'a communiquée, par M. Fondère, jeune explorateur attaché à la mission de Brazza au Congo français, qui avait emporté là-bas des pigeons offerts par *La Colombe* de Marseille :

---

(1) Les rapports officiels constatent que, du 7 janvier 1870 au 1er février 1871 (guerre franco-allemande), le retour des pigeons dans la capitale assiégée, a été d'environ 5 pour cent, soit une perte de 95 pigeons sur 100.

MISSION FRANÇAISE
DE L'OUEST AFRICAIN
══

Service économique et scientifique
—o—

Yassa, 21 août 1887.

MON CHER PRÉSIDENT,

Ainsi que je l'ai écrit à votre Secrétaire général, M. Richard, j'ai laissé les vieux pigeons à Libreville, d'où quelques paires ont été envoyées à Loango, et j'ai expédié les jeunes à N'djolé.

A Libreville, aucun pigeon n'a été malade ; mais, par contre, dix-huit pigeonneaux ont été tués par un serpent qui s'était introduit, la nuit, dans le colombier. Depuis je n'ai aucune nouvelle de Libreville.

Sur neuf paires laissées à N'djolé, douze pigeons sont morts, tous à la suite de crampes aux pattes.

Ayant été obligé de revenir à N'djolé à la fin du mois dernier, j'ai profité de mon séjour pour entraîner les trois paires qui restaient, entre Lambaréné et leur colombier (distance : 120 kilom) et actuellement ils parcourent aisément cette distance.

Aujourd'hui *La Colombe* peut dire que, grâce à elle, les postes du Congo français pourront correspondre, au moyen des pigeons-voyageurs, *dès qu'ils voudront s'en donner la peine.*

C'est un magnifique résultat, et je ne doute pas que le ministère de la guerre n'apprenne avec plaisir que la tentative faite par votre Société a complétement réussi.

Je vous prie, cher Président, de vouloir bien me rappeler au bon souvenir de tous vos collègues.

Je vous serre cordialement la main.

A. FONDÈRE.
Agent du Congo français en mission dans le Haut-Ogooué,
Libreville, Gabon.

En 1888, le journal italien l'*Esercito* nous fournissait d'intéressants détails sur l'emploi des pigeons-voyageurs par les troupes italiennes en Abyssinie.

Les postes de Digdigha, des puits de Tata, écrivait ce journal, ainsi que les détachements qui vont en reconnaissance vers Ailet, Assur, etc., envoient leurs rapports par l'entremise des pigeons du colombier installé à Massahouah, d'où on les réexpédie au grand quartier général de Saati.

Les jours de pluie, et quand les nouvelles sont confidentielles, les dépêches sont introduites dans des tubes de plumes d'oie, scellés à la cire, mais comme cette opération, surtout quand les troupes sont en marche, entraîne une certaine perte de temps, chaque fois que cela est possible, les patrouilles se contentent d'écrire les dépêches sur un feuillet détaché du carnet dont sont pourvus tous les officiers et sous-officiers, feuillet qui est ensuite attaché à une plume de la queue d'un pigeon.

On use aussi de signes conventionnels pour le cas où les patrouilles seraient surprises par l'ennemi et n'auraient pas le temps nécessaire pour rédiger un télégramme. Par exemple, un ou plusieurs pigeons qui arriveraient au colombier sans dépêche et auxquels il manquerait quelques plumes de la queue, signifierait que la patrouille a été attaquée. D'autres fois, ce sont des marques faites en couleur qui donnent tel ou tel renseignement.

Chaque patrouille emporte trois ou quatre pigeons dans un panier léger en bambou et filet. Les distances étant très courtes, l'envoi de chaque dépêche se fait à l'aide d'un seul pigeon : une première dépêche est envoyée à l'heure fixée à l'avance par le commandant, les autres le sont au fur et à mesure des nouvelles à transmettre. Le panier des pigeons est porté successivement par un soldat qui se relève d'heure en heure ; les grains et le petit abreuvoir sont confiés à un caporal qui a la surveillance des pigeons

Quand les patrouilles doivent rester absentes plus d'une journée, elles emportent quatre pigeons avec des grains et un abreuvoir en cuir, de manière à pouvoir les faire manger et boire ; si elles doivent rentrer dans la journée même, elles n'emportent que trois pigeons et l'abreuvoir.

L'arrivée incessante à Massahouah de ces pigeons, venant de toutes les directions, présente, paraît-il, un aspect fort curieux. Dès qu'ils arrivent, ils se présentent à la fenêtre du colombier où les attendent leur compagne et leurs petits. Pour entrer, ils doivent passer par une sorte de cage-trappe qui ne leur permet plus de ressortir et en même temps les isole des autres pigeons. Le seul poids du nouveau venu détermine aussitôt une sonnerie produite par l'électricité. Ce signal dure tout le temps que l'oiseau est dans la trappe et avertit le sous-officier de garde, qui vient alors enlever au voyageur le télégramme apporté pour le transmettre au quartier-général.

Enfin, un de nos plus graves confrères politiques publiait dernièrement l'information suivante :

Le docteur Rœber, président de la Société colombophile de Strasbourg, a donné au capitaine Wissmann, commissaire Allemand dans l'Afrique orientale, des pigeons pour la poste aux lettres. L'*essai* a parfaitement réussi, d'après les *Mission Magasin* de Bâle. On pourra transmettre une missive de six heures du matin à midi, du lac Nayassa à Zanzibar, soit trois cents kilomètres.

Voilà bien la preuve que l'élevage du pigeon-voyageur et son emploi ne rencontreraient en Afrique aucun obstacle sérieux.

Quelles précieuses missions l'on confierait aux pigeons-voyageurs dans ces belles contrées où l'on doit assurer la sécurité des caravanes et des explorateurs; dans ces pays où les torrents, les montagnes et des obstacles de toute nature s'opposent à l'installation des voies ferrées, à la navigation et à l'installation de réseaux télégraphiques et téléphoniques !

Ces services qu'en attend la civilisation sont d'une réalisation immédiate.

Les explorateurs qui vont s'égarer dans l'intérieur de l'Afrique et dont nous perdons la trace, sans pouvoir leur venir en aide, pourraient emporter des pigeons d'une station à l'autre. Partis de A et se dirigeant sur B, ils emporteraient de A des pigeons pour les lâcher et annoncer leur arrivée à B; prenant des pigeons à B, ils les lâcheraient arrivés à C, pour continuer ainsi leur route et renseigner sur leur marche.

Auraient-ils besoin de secours, de munitions, de vivres ? seraient-ils exposés à quelque danger imprévu? ils auraient immédiatement sous la main des estafettes qu'ils lanceraient vers la station la plus proche, d'où les secours leur arriveraient en toute hâte.

Il y a tout un réseau à jeter pour relier entr'elles les tribus isolées.

Et trois années suffisent pour arriver à de complets résultats !

La correspondance par pigeons-messagers est aussi, comme on le verra dans le cours de cet ouvrage, étroitement liée aux opérations de la guerre; toutes les nations s'en assurent le profit.

La France a des intérêts considérables en Algérie. Si, la

guerre éclatant, on cherchait à nous barrer le passage de la Méditerranée pour intercepter nos communications avec le continent Africain où se trouve l'élite de nos troupes, il faudrait qu'avec les pigeons-messagers emportés d'Alger, de Constantine, d'Oran et de Tunis, nous puissions, nos câbles coupés, jeter par dessus les escadres ennemies un pont invisible et assurer un service de correspondance insaisissable et sûr.

Nous n'en pouvons faire moins que la Russie, l'Allemagne, le Danemarck et l'Italie dont les côtes sont garnies de colombiers maritimes en communication journalière avec la flotte.

A certaines heures critiques, nos messagers aériens constitueraient là-bas, pour nos expéditions militaires, des auxiliaires précieux et dévoués, que rien ne pourrait surpasser.

Exposant cette supériorité de la correspondance par pigeon voyageur sur toute autre, M. le lieutenant-colonel Hermary écrivait il y a peu de temps :

Pour organiser les communications rapides qui seront nécessaires à l'armée en temps de guerre, l'on dispose aujourd'hui de quatre moyens :

    1° Le télégraphe ordinaire ;
    2° Le télégraphe optique ;
    3° Les ballons ;
    4° Les pigeons-voyageurs.

Le télégraphe ordinaire est le moyen le plus commode, le seul pratique en temps de paix. On compte l'utiliser largement à la guerre et c'est dans ce but que l'on a organisé militairement une partie du personnel de l'administration. Mais la ligne métallique qui lui est nécessaire étant facile à détruire, on ne pourra recourir à son emploi que pour les dépêches qui seront échangées dans l'étendue du terrain occupée par les troupes amies.

Dans le télégraphe optique, la ligne métallique est remplacée par un faisceau lumineux qui représente en petit celui qui est lancé par un phare. Ce faisceau ne peut être perçu quand l'œil est en dehors de sa direction et, comme il passe généralement à une grande distance au-dessus du sol il est complètement insaisissable.

Mais l'installation des postes optiques demande une préparation délicate et exige la possession incontestée de points convenablement choisis et assez rapprochés les uns des autres. En outre, la transmission des dépêches est souvent interrompue par l'état de l'atmosphère. En définitive, ce moyen de communication n'est applicable qu'entre certains points fortifiés de la frontière.

Les ballons présentent un inconvénient grave : on n'est pas maître de leur direction, et c'est ce qui fait qu'ils ne peuvent être employés que p ur sortir d'une place investie, sans jamais permettre d'y rentrer. Le commandant du génie Renard qui, depuis longtemps déjà, se consacre à la recherche du problème de la direction des ballons, est parvenu à construire un aérostat qui peut lutter contre le vent pourvu que sa vitesse ne dépasse pas 6 mètres par seconde. Cette solution reste malheureusement insuffisante.

A l'inverse du ballon qui va n'importe où, là où le vent le porte, le pigeon se dirige toujours sur un point connu à l'avance : son colombier. Si donc on a établi des colombiers dès le temps de paix, en des points convenablement choisis, il suffira d'en emporter les habitants pour être en mesure de correspondre avec ces points ; le problème de la communication insaisissable est ainsi résolu dans des conditions bien plus générales qu'avec le télégraphe optique, car le pigeon peut être lâché n'importe où, presque à toute heure et à toute distance du colombier.

La correspondance par pigeon est appelée à remplir à la guerre un rôle pour lequel les autres moyens seraient insuffisants. Elle permettra aux éclaireurs les plus avancés de faire parvenir à l'armée des renseignements sur les mouvements de l'ennemi et elle assurera, *en permanence*, les relations des forteresses entr'elles.

Les autorités civiles trouveraient, elles aussi, dans les pigeons-voyageurs, d'utiles auxiliaires : les transactions du commerce en seraient également facilitées.

Ce qui s'est fait il y a dix siècles est encore possible et bien plus facile de nos jours.

C'est en vue d'aider à la solution rapide d'une installation parfaite, sur la côte Africaine, de la correspondance par pigeons-voyageurs, que nous mettons aujourd'hui, au service des autorités que cette question touche de plus près, le résultat de nos recherches et les fruits de notre expérience.

L'Afrique, devient, dit-on, le champ clos que se disputent les ambitions Européennes. Tout Français doit donc, si limitée que soit sa sphère d'action, travailler à y assurer la suprématie de son pays.

Et quand on croit avoir une idée pratique, il n'y a pas témérité à l'émettre : c'est plutôt un devoir.

Voilà pour quelle raison nous soumettons la nôtre à la bienveillante attention de ceux qu'elle intéresse directement.

Nous ne nous adressons pas seulement aux autorités militaires et civiles ; l'initiative privée peut et doit intervenir pour aider ici les pouvoirs publics dans la mesure complète de ses moyens, en installant, comme dans la mère-patrie, des colombiers civils qui constitueront une précieuse réserve.

Après avoir, dans la première partie de ce livre, fait un rapide historique de la poste par pigeons. nous examinerons, dans la seconde, l'état actuel de la colombophilie en Europe ; nous étudierons, en troisième lieu, les meilleures dispositions à prendre pour installer nos pigeons-voyageurs en Afrique.

Enfin pour être complet, nous initierons le lecteur à tous les secrets de la science colombophile.

Ce livre, à défaut d'autre mérite, aura certainement celui de constituer l'histoire documentaire de la Colombophilie dont nous avons suivi la marche et les progrès, au jour le jour, depuis bientôt vingt ans.

26 Juin 1890.

J. ROSOOR.

PREMIÈRE PARTIE

LA COLOMBOPHILIE A TRAVERS LES AGES

Le pigeon-messager aux temps préhistoriques, en Palestine, en Egypte, en Asie, en Turquie-d'Asie, en Syrie. — A Harlem et à Leyde. — A Venise. — Au siège de Paris 1870-1871.

On conçoit facilement que, dès qu'il sentit le besoin d'établir des relations avec ses semblables et d'en recevoir des nouvelles, l'homme observa, tout autour de lui, les aptitudes particulières des animaux dont l'avait entouré le Créateur.

Il n'en trouva pas de plus sûr, à cause de sa fidélité et de son merveilleux instinct d'orientation, que la colombe, et la Genèse nous montre Noé lâchant un corbeau pour s'assurer, par l'état de ses pattes, qu'il avait pu toucher terre et que les eaux du déluge se retiraient; mais le corbeau ne revint pas, et, plus fidèle, la colombe qu'il avait mise en liberté réintégra l'arche, ses pattes roses couvertes d'argile et dans le bec un rameau d'olivier, symbole de paix. On verra plus loin que les temps changés ont fait du pigeon un instrument de guerre.

Roi de la Création, l'homme, à travers les âges et suivant la marche de la civilisation, mit ainsi à son service, suivant leurs dispositions particulières, leurs instincts et leur structure, les mille sujets qui l'entouraient.

Il choisit le pigeon pour franchir monts et vallées, lacs, fleuves et mers, le dromadaire pour parcourir le désert, le cheval et l'éléphant pour la guerre, le faucon pour la chasse, le cormoran et le pélican pour la pêche, l'oie pour se garder de la surprise de l'ennemi, le chien pour la garde des troupeaux et des habitations, le bœuf pour labourer la terre, le furet pour déloger le lapin de garenne et jusqu'au porc pour rechercher la truffe.

Parmi tous ces moyens que l'humanité mit en œuvres, il faut reconnaître que l'emploi du pigeon-voyageur fut celui qu'elle pratiquât avec le plus d'études et de résultats.

Les anciens n'avaient pas comme nous, à leur service, les chemins de fer, le télégraphe et le téléphone, qui sont venus, ainsi que toutes choses, à leur heure. Qu'en eussent-ils fait ? Etaient-ils possibles alors que les chemins n'étaient pas même frayés et que la barbarie régnait partout en maîtresse souveraine ?

Il fallut d'abord établir des relations d'une peuplade à l'autre. Pour les entretenir et les faciliter, on eut besoin de facteurs rapides, capables d'échapper aux attaques des bêtes fauves et des forbans de l'air. Le pigeon pouvait seul vaincre toutes ces difficultés. C'est ainsi qu'au témoignage de légendes, qu'il nous est difficile de contrôler, les villes de l'ancienne Palestine échangèrent leurs messages.

Les peuples d'Afrique furent les premiers qui organisèrent un service de poste aérienne. Les pêcheurs Egyptiens, lorsqu'ils étaient encore loin des ports, annonçaient leur retour à leur famille au moyen de pigeons-messagers.

Puis, vient l'Asie où les historiens nous montrent Babylone reliée par voie aérienne aux villes de la Turquie d'Asie. Après elle, les Romains, suivant le témoignage irrécusable de Pline, employèrent le pigeon pour franchir *les profonds retranchements, les fleuves tendus de filets et tromper la vigilance des soldats, « per cœlum eunte nuntio. »*

C'est surtout du X\ au XI\ siècle que nous voyons les peuples orientaux et leurs princes puissants donner à la poste par pigeons-messagers une organisation modèle. Le sultan Nour-Eddin, qui gouverna la Syrie et l'Egypte de 1116 à 1174, créa un réseau de poste aérienne par pigeons-voyageurs pour relier entr'elles les principales villes de son empire.

Les chrétiens, quand ils se dirigèrent en Orient, à la fin du XI\ siècle, pour délivrer Jérusalem, y trouvèrent organisé le service par pigeons-voyageurs. Le Tasse en fait mention dans sa *Jérusalem délivrée.*

Saladin, qui résista à Philippe-Auguste et à Richard Cœur-de-Lion, se servit de pigeons pendant le siège de Ptolomaïs.

En 1250, le débarquement de la 1re croisade, conduite par saint Louis, fut annoncé au sultan du Caire par des pigeons voyageurs.

« Les Sarrazins », écrit Joinville, « annoncèrent au Soudan, par *coulons messagers*, par trois fois, que le Roy était arrivé. »

Tout ceci nous prouve qu'il n'y a rien de nouveau sous le soleil. Il y a presque mille ans qu'on avait déjà résolu un problème dont la solution s'est représentée devant nous.

Dans le 1er volume de son ouvrage : *Voyage en Egypte et en Syrie*, Volney a donné la traduction d'un manuscrit arabe ; on y lit la distribution des colombiers, leurs communications avec Alexandrie, Damiette, Gazza, Jérusalem, Damas, Belbeck et Tripoli, les étapes depuis 80 kilomètres jusque 160 imposées aux pigeons, qu'on confiait aux soins d'un gardien et d'un veilleur.

D'après un historien Anglais, les Hollandais auraient importé les premiers en Europe les pigeons-voyageurs de Bagdad ; rien ne s'oppose, en effet, à croire que ces pigeons, appelés *bagadetten*, furent les ancêtres du pigeon-voyageur actuel. Ce qui semble donner quelque crédit à cette supposition, c'est que les premiers, depuis les Romains, les Hollandais se servirent de pigeons-voyageurs aux sièges de Harlem et de Leyde (1572-1574).

En 1672, le Chevalier d'Arvieux, envoyé extraordinaire de Louis XIV à la Porte, relate qu'on échangeait des lettres par pigeons-messagers d'Alep à Alexandrette et vice versa.

En 1745, écrit Piétro della Valle, il existait encore en Egypte, une poste par pigeons-voyageurs très bien organisée.

En 1849, les Vénitiens, assiégés par les troupes Autrichiennes, se servirent de pigeons-voyageurs pour correspondre avec le dehors, et c'est pour marquer leur reconnaissance à ces fidèles oiseaux qu'on continua à les nourrir et à les choyer sur la place Saint-Marc.

On sait qu'en 1815 le banquier Rothschild se servit de pigeons-voyageurs pour être informé de l'issue de la bataille de Waterloo.

Nous voici arrivé à la dernière étape de la colombophilie. Lorsque, en 1871, Paris assiégé se vit séparé du reste de la France, le service par pigeons, à peine organisé, rendit cependant de grands services (1). Pendant toute la période qu'a duré l'interruption des communications avec Paris, lisons-nous dans un rapport de M. De Lafollye, inspecteur des lignes télégraphiques, en 1870-71, le nombre des dépêches privées confiées au service des pigeons-voyageurs a été de 95,581 télégrammes de toutes natures, et la recette de 432.524 fr. 90 centimes. Les mandats transmis ont porté sur un mouvement de 190.000 francs. Sur les 95.000 dépêches envoyées, plus de 60 000 sont arrivées à Paris par les pigeons-voyageurs.

La colombophilie fut dès lors considérée comme un élément de la défense nationale.

Toutes les puissances militaires s'en émurent et nous allons voir avec quels soins jaloux elles étudièrent cette question.

Dans la seconde partie de cet ouvrage, nous jeterons un rapide coup d'œil sur les progrès réalisés par la colombophilie en Europe ; à l'aide de documents puisés aux meilleures sources, nous montrerons l'intérêt que lui portent partout le public et l'armée.

Après quoi, nous prendrons le sport colombophile Français à ses modestes débuts et exposerons ce qu'il a su réaliser sous le souffle puissant d'un noble sentiment de patriotisme, et stimulé par les encouragements du pays tout entier.

Dans cet élan qui a relevé la France au lendemain de ses infortunes, la colombophilie Française n'a pas été la dernière à lui sacrifier son dévouement absolu, ses études et ses recherches.

---

(1) M. La Perre De Roo, dans son ouvrage le *Pigeon-Messager*, a donné, sur l'emploi des pigeons au siège de Paris (1870-1871), des details intéressants et complets. (Voir pp. 41 à 76.) Deyrolle, éditeur, Paris.

DEUXIÈME PARTIE

LA COLOMBOPHILIE
Dans les puissances militaires de l'Europe.

La Belgique. — L'Allemagne. — L'Angleterre. — L'Italie. — La Hollande. — La Suisse. — La Russie. — L'Autriche. — L'Espagne. — La Roumanie. — Le Danemarck. — La France.

CHAPITRE Iᵉʳ.

I. — LA BELGIQUE

La Belgique est le seul pays en Europe qui n'ait pas attendu la preuve des services que les pigeons-voyageurs étaient susceptibles de rendre en cas d'investissement pour s'adonner entièrement au sport colombophile.

Thomassin, chef de division à la Préfecture de Liège, nous donne, dans un mémoire statistique du département de l'Ourthe, écrit en 1806, des détails intéressants qui marquent les premiers pas de la colombophilie belge.

Les propriétaires, écrit-il, transportent des pigeons à 5 et 10 kilomètres de distance ; là, étant rendus à la liberté, ils s'élèvent aussitôt à une grande hauteur, tracent d'abord une ligne circulaire comme pour chercher la direction qui doit les conduire à leurs colombiers où ils arrivent en peu de temps Chaque jour on augmente la distance, et on termine leur éducation en les faisant transporter soit à Paris, soit jusqu'à Lyon, où avant de les abandonner, l'on dresse procès-verbal du nombre, de l'espèce de plumage et de l'heure à laquelle ils ont pris leur vol ; on appose même sur les ailes le cachet de la ville ; il en est arrivé à Liège de Paris en dix-huit heures, et de Lyon en trente-deux heures (1).

---

(1) Aujourd'hui les pigeons feraient le voyage de Liège à Paris en cinq ou six heures et de Liège à Lyon en huit ou neuf heures.

Les pigeons revenus des bords du Rhône ont été promenés en triomphe dans le courant de 1811 précédés d'une musique dans le quartier de l'Est de la Ville de Liège où habitent le plus grand nombre d'amateurs.

Verviers, Liège, Namur et Anvers furent les premières villes à s'occuper activement de colombophilie, les trois premières par agrément et la dernière pour assurer la rapidité de renseignements de ses boursiers.

Bruxelles n'arriva qu'en 1826.

La banque et le négoce utilisaient la correspondance par pigeons-voyageurs, à l'instar de Rotschild qui, en 1815, informa sa maison de Londres du résultat de la bataille de Waterloo par le moyen de pigeons, pour opérer des achats à des prix de guerre, cinquante heures avant que le gouvernement Anglais fût avisé du glorieux désastre des armées Françaises.

A partir de 1850, lorsque le télégraphe électrique fit son apparition, ils abandonnèrent le pigeon-voyageur, qui devint le divertissement exclusif du sport.

La création des chemins de fer vint donner les facilités de communications qui manquaient. A partir de cette époque les concours furent organisés d'une façon suivie et la Belgique se couvrit de sociétés.

Le Roi, le Gouvernement, les Administrations communales . subventionnent les concours : tous, depuis le plus riche jusqu'au plus modeste, s'occupent de pigeons avec entrain. Chaque semaine, à partir d'avril jusqu'en septembre, elle nous envoie des millions de pigeons. Il a fallu de 1100 à 1200 wagons pour transporter, rien qu'en cinq mois, les pigeons de la seule province de Liège.

D'après une statistique établie par le journal l'*Epervier* de Bruxelles, la Fédération du pays de Waes avait expédié pour la France, en 1877, 1.381 paniers, soit 71.533 pigeons ; la Fédération d'Anvers, 1.786 paniers, soit 68.211 pigeons. Les frais d'expédition de onze Fédérations pour une seule année s'élevaient à 40.437 fr. 38.

En 1878, le 2 juin, il fut lâché à St-Denis 50.000 pigeons

belges, transportés sur un train spécial qui comportait 33 wagons.

En 1879, il fut expédié pour la France viâ-Charleroy et viâ-Erquelinnes, 20.448 paniers contenant 750.000 pigeons.

Qu'on admette le même nombre sorti par Quiévrain et Mouscron, on pourra évaluer à *quinze cent mille* les pigeons transportés en France dans cette seule année. Ces documents sont officiels.

Le 16 avril 1882, les sociétés de Liège expédièrent, à destination de Huy, Engies, Solre-sur-Sambre et Fresnoy-le-Grand, plus de 800 paniers contenant 40.000 pigeons.

Ces chiffres sont actuellement dépassés.

C'est en Belgique que l'étranger a puisé ses meilleurs sujets, et le pigeon belge a maintenant des descendants aussi bien en France et en Angleterre que dans les autres parties du monde.

On y achète des producteurs depuis 100 francs jusque 1000 francs. Il n'est pas rare de voir certains sujets d'élite vendus le prix d'un cheval pur sang.

La Belgique n'a pas de colombiers militaires. Elle compte probablement que l'initiative privée lui suffirait en cas d'investissement.

La *Revue militaire belge* en a réclamé l'organisation en 1884, mais en vain.

En 1878, M. le docteur Chapuis, de Verviers, développa dans une brochure sur le pigeon-voyageur dans les forteresses et au Zanzibar, un projet de communication par voie aérienne, proposé aux explorateurs de l'Afrique Centrale dépourvue alors de routes, et conséquemment de chemins de fer et de télégraphes (1).

Sa voix autorisée fut écoutée, car l'*Etoile belge* annonçait en 1884 qu'on avait tenté, sur les bords du Congo, l'acclimatation de pigeons-voyageurs belges, que cet essai avait admirablement

---

(1) *Le Pigeon-Voyageur dans les forteresses et au Zanzibar*, par F. CHAPUIS. — Vinche, éditeur, Verviers.

réussi dans le colombier de Vivi. On était arrivé à relier Banana à Zanzibar (650 lieues), en trois jours, alors qu'il fallait plusieurs mois pour correspondre entre ces deux points.

On a, en Belgique, une telle vénération pour le pigeon-voyageur que des représentants l'on défendu à la Chambre. En 1886, M. Warnant de Liège prit sa défense et réclama des peines sévères contre ceux qui tueraient les pigeons.

Lorsqu'il fut question d'interdire les lâchers des pigeons Belges sur notre territoire, le Ministre de l'Intérieur s'empressa de calmer les inquiétudes, et le représentant de la Belgique auprès du Gouvernement Français intervint lui-même.

La Belgique nous a donné plusieurs écrivains, notamment MM. Chapuis et Gigot qui ont publié deux ouvrages qui ont leur place marquée dans la bibliothèque des amateurs (1).

Plusieurs journaux sont au service de la colombophilie : l'*Epervier* et le *Martinet* à Bruxelles ; le *Petit Journal* et l'*Estafette* à Liège ; le *Pigeon voyageur* à Charleroi, et plusieurs organes flamands dans les Flandres occidentale et orientale.

II. — L'ALLEMAGNE

On conçoit que l'Allemagne, après avoir vu quels services nous avaient rendus les pigeons-voyageurs alors que ses armées cernaient notre capitale, n'eut rien de plus pressé que d'installer chez elle une poste aérienne.

Dès 1871, le Ministre de la guerre conçut le projet d'expérimenter la correspondance par pigeon-voyageur. A cet effet, il envoya M. Leuzen, un amateur très compétent de Cologne, étudier à l'étranger les procédés d'élevage et de dressage, et ce n'est qu'au retour de cette inspection qu'on installa à Berlin, Cologne, Strasbourg et Metz, quatre stations disposant de 300 pigeons-voyageurs belges.

En décembre 1875 l'*Invalide Russe* donna une description

---

(1) CHAPUIS. *Le Pigeon-voyageur*. Éditeur Vinche, Verviers. — GIGOT. *La Science colombophile*. Éditeur Vanderveken, Bruxelles.

détaillée des soins méticuleux apportés dans l'installation de ces colombiers militaires.

C'est le commandant de place qui administre chaque colombier dont un agent du génie a la surveillance : un gardien et deux soldats sont placés sous les ordres du surveillant ; la comptabilité s'établit sur des registres spéciaux à l'aide desquels on dresse chaque mois un rapport soumis d'abord au commandant de place qui le transmet au Ministre.

Le crédit ouvert pour les pigeonniers militaires était en 1875 de 13.500 fr. Le 16 novembre 1882, le *Post* déclare que dans le budget de l'Empire d'Allemagne pour l'exercice 1883-84 figurent 34.000 marcks (42.500 fr.) au chapitre des dépenses destinées à l'entretien des différents colombiers de pigeons voyageurs.

En 1884, les principales places fortes d'Allemagne avaient leur colombier militaire. Le crédit spécial atteignait 50.000 fr.

A la date du 17 juin 1890, on télégraphiait à l'un de nos grands journaux, que le crédit figurant au budget de l'Empire pour le service des pigeons-voyageurs était porté à 50.000 marcs, soit 62.500 francs.

Cette progression a son éloquence.

D'un autre côté, si l'Allemagne a des stations de pigeons-voyageurs bien organisées, elle compte, en cas de guerre, sur l'appoint de ses sociétés qui sont l'objet d'une constante sollicitude.

Contrairement à ce que nous voyons en France, où les encouragements du Ministre de la Guerre sont le privilège de Sociétés que favorise leur situation topographique, les sociétés Allemandes qui ne sont pas subsidiées par le Ministre de la Guerre *reçoivent des prix spéciaux en récompense de leur coopération à l'œuvre commune.*

Ces faits sont de la plus rigoureuse exactitude ; nous n'avancerons d'ailleurs rien, dans cet ouvrage, que nous ne puissions prouver par des documents authentiques. Mais, si nous mettons dans nos recherches et nos appréciations beaucoup de réserve, sans rien exagérer, nous considérons comme un devoir sacré de jeter sur l'Allemagne colombophile un œil vigilant.

Pourquoi tairions-nous que nous y voyons l'amateur colombophile très efficacement protégé contre les braconniers et les oiseaux de proie ; les Sociétés fédérées, avec l'Empereur pour président, et toutes, sans distinction, subventionnées par l'Etat ; les expéditions jouissant d'énormes réductions, et l'élément militaire absolument confondu dans l'élément colombophile civil ?

Depuis 1870, le public Allemand s'est enthousiasmé du pigeon-voyageur ; des sociétés ont été fondées partout sous l'impulsion et avec les encouragements des autorités

Une vaste association des cercles colombophiles du pays s'est formée en janvier 1884. A sa première assemblée générale qui se tint à Essen le 26 octobre de la même année, plus de 300 amateurs des principales villes Allemandes y furent délégués.

Voici dans quels termes le secrétaire, M. Hoerter, y développa les bienfaits d'une semblable fédération :

Toutes les sociétés, quel que soit leur but, sont réunies en Fédération ; or, ce sont précisément les sociétés pigeonnières qui ont le plus impérieusement besoin de se constituer en association.

La Fédération projetée n'aura pas pour effet d'enlever aux sociétés leur indépendance ; bien au contraire, elle les soutiendra avec efficacité dans toutes les questions où l'intérêt général sera en jeu.

Par une action commune, la Fédération possédera les éléments nécessaires pour la prospérité de la colombophilie Allemande.

La Fédération veillera à diriger les entraînements et les concours dans les directions qui lui paraîtront les plus utiles dans l'intérêt de l'Etat ; en échange, elle sera autorisée à solliciter la diminution des frais de transport et l'augmentation des subsides servis par le Ministère de la guerre.

M. Leuzen, directeur des colombiers militaires et délégué du Ministre de la Guerre, prit ensuite la parole en ces termes :

Le département de la guerre prend une vive part à tout ce qui concerne le sport colombophile Allemand et s'intéresse à la création de cette

Fédération ; au nom du Gouvernement, j'exprime le vœu de voir établir les entraînements de façon à servir au mieux les intérêts du génie militaire.

Une fois la Fédération établie, des négociations seront ouvertes avec la société directrice. Plusieurs lâchers importants seront subsidiés par le département de la guerre ; les villes, qui, par leur situation topographique, ne pourront y prendre part, recevront des prix spéciaux, en récompense de leur coopération à l'œuvre commune.

En 1878 déjà, dans le programme des concours organisés par la société *Berolina* de Berlin, nous voyons que des médailles d'or, d'argent et de bronze sont mises à sa disposition par leurs Excellences l'Empereur Guillaume, le Ministre de la Guerre, le général d'infanterie Von Kameeke, et le Ministre de l'Agriculture, M. Friedenthal.

En mars 1889, l'*Agence Havas* adressait aux journaux quotidiens un télégramme où elle annonçait que l'Empereur Guillaume II avait reçu le bureau de la Fédération colombophile dont il était, dès les premiers jours de son avénement, proclamé Président, qu'il s'était fait expliquer l'éducation et le dressage des pigeons-voyageurs et qu'il avait exprimé le désir d'organiser, en automne suivant, lors des manœuvres du 7ᵉ corps d'armée, une poste par pigeons entre Hanovre et Springe.

Ces faits qui n'ont rien de fantaisiste ne prouvent-ils pas le patronage sérieux et efficace de l'Etat ?

Il n'est pas jusqu'aux compagnies de chemins de fer qui n'accordent les plus larges réductions aux sociétés colombophiles. Elles assurent aux expédions Belges et Hollandaises une réduction de 75 p.%, alors que nos compagnies Françaises font la sourde oreille à nos revendications (1), et que sur le réseau de l'Etat nous n'obtenons que 50 p. %, soit le tarif sans majoration.

On le voit, le parallèle n'est pas à notre avantage.

En même temps que l'Allemagne s'est organisée sur terre,

---

(1) Les transports de pigeons-voyageurs paient le tarif général avec majoration de 50 pour cent, ils ont longtemps payé double taxe.

elle a également établi des stations pour la surveillance de ses côtes. Nous en trouvons la preuve dans la *Gazette de Kiel* qui constate la correspondance du pigeonnier royal de Tonning avec les feux flottants des embouchures de l'Ems et de l'Eider.

En 1877, lisons-nous dans la *Pall Mall Gazette*, le Ministre du Commerce de Prusse fit établir une poste aux pigeons entre l'île de Borkum et les deux phares flottants sur les récifs de Borkum.

Après le Ministre de la Guerre, voici le Ministre de l'Agriculture, des Forêts et des Domaines de l'Empire qui, sur la proposition de son collègue, invite les Gouvernements provinciaux à encourager les gardes forestiers à détruire les oiseaux de proie particulièrement dangereux pour le pigeon-voyageur. Des primes furent accordées à cet effet.

Nous n'en sommes pas là, nous qui avons eu la stupéfaction de voir, dans ces derniers temps, le tribunal de Troyes condamner un amateur colombophile poursuivant un voisin, qui lui avait empoisonné des pigeons.

Dès la création et le début des sociétés colombophiles, la presse Allemande fit ressortir aux yeux du public les grands services qu'on pouvait espérer des pigeons-voyageurs. Le siège de Paris le lui avait déjà prouvé.

Non seulement elle étudia le parti qu'on pouvait tirer de cette correspondance par voie aérienne, mais le *Soldaten Freund* s'adressant aux sous-officiers Allemands s'appliqua à rechercher les moyens de neutraliser son action en supposant qu'elle fût dirigée contre l'Allemagne, obligée à la défensive. Il développa cette thèse longuement et avec talent (1). Nous regrettons de ne pouvoir la reproduire en entier car elle renferme des considérations qui ont pour nous, Français, une réelle valeur.

Elle prouve que non seulement nous devons chercher à bien organiser la correspondance par voie aérienne, mais que la

---

(1) Cette thèse a pour titre : *Die Vertheidigung gegen das Kriegsmittel der Brieftauben.*

prévoyance nous impose le devoir de veiller à ce que l'ennemi ne puisse facilement l'interrompre.

L'autorité militaire, suivant notre exemple, a étudié l'internement et les voyages aller et retour du pigeon-voyageur.

Le 3 août 1879, les pigeons de la société d'Aix-la-Chapelle, furent enfermés pendant 5 semaines à Metz. Le général Bronsart von Schellendorf, Ministre de la Guerre de l'Empire Allemand, offrait à ceux qui seraient désignés par les sociétés pour soigner ces pigeons dans les forteresses 4 marcks (soit 5 fr. par jour), plus 4 pfennig (5 centimes) par jour et par tête de pigeons.

Longtemps après la guerre de 1870, les sociétés Allemandes ont pu lâcher leurs pigeons sur le territoire Français.

On sait que depuis quatre ans, la Belgique est seule autorisée à lâcher ses pigeons en France, sous les réserves d'un contrôle très sévère.

Les sociétés Allemandes ont depuis lors dirigé leurs expéditions vers l'est de l'Allemagne et l'Autriche.

En résumé, l'Allemagne a des Sociétés fédérées très sérieusement organisées et protégées.

Au point de vue militaire elle compte trois réseaux aériens : celui de l'Allemagne occidentale dont les stations sont Strasbourg, Metz, Coblentz, Cologne, Mayence, Wurtzbourg et Mannheim ; celui de l'est avec les colombiers de Torhn, Posen et Kœnigsberg ; et enfin un troisième réseau maritime dont les colombiers sont situés à Wilhemshaven, Tonning, Kiel et Dantzig.

III. — L'ANGLETERRE

La passion du pigeon-voyageur n'est l'apanage en Angleterre que de quelques villes isolées. Les brouillards qui enveloppent presque régulièrement ce pays s'opposeront toujours au grand développement de la colombophilie Néanmoins des sociétés très importantes y sont installées, et font preuve d'une grande vitalité.

Les Anglais ont acheté à des prix fabuleux les meilleurs pigeons belges (1). Ils se sont fédérés, organisent des concours, ont pour organe spécial *The Homing News*, qui se publie à Manchester sous l'habile direction de M. G. Castrée.

Les Anglais, avant l'interdiction, lâchaient en France. Nous les avons vus à Cherbourg, Rennes, Rochefort-sur-Yon et jusqu'à Bordeaux.

Cette interdiction n'est pas de nature à faciliter leurs progrès, en réduisant la course de leurs messagers. Il est vrai qu'ils peuvent lâcher en pleine mer, mais outre que c'est très coûteux, c'est aussi peu commode.

Le Gouvernement Français consent encore, à certaines conditions de contrôle sévère, à tolérer les expéditions Anglaises; cette année même les sociétés Anglaises ont fait des lâchers sur nos côtes de l'ouest.

En juin 1889 un millier de pigeons-voyageurs apportés d'Angleterre par le vapeur *Southampton* furent lâchés sur les quais de Cherbourg. La plupart des messagers qui avaient été marqués sur l'aile gauche au nom de la ville, regagnèrent le jour même leurs colombiers; quelques-uns seulement s'égarèrent.

Très pratiques en toutes choses, les Anglais ont mis le pigeon voyageur au service de leur commerce, les reporters à celui de leurs journaux (2), les marins au profit de leur pêche.

Les feux flottants sont reliés à la côte par le moyen de

---

(1) A consulter : *Belgian Homing Pigeons, published by the authors Hartley and sons, Woolvich.*

(2) Le *Daily Graphic* écrivait ces jours derniers :
Nous sommes très reconnaissants de la manière libérale avec laquelle on a répondu à nos demandes de croquis. Dessins, photographies et croquis nous ont été envoyés de toutes les parties du monde. A ce sujet, nous devons mentionner un fait, c'est que l'histoire du journalisme ne rapporte rien d'aussi étonnant que la rapidité de reproduction de nos croquis sur les regates, apporté par des pigeons-voyageurs, employés pour la première fois. Quelques-uns revinrent au bout de sept minutes. Tous arrivèrent, sauf un, qui a été aperçu, en dernier lieu, s'efforçant d'arracher le croquis de ses pattes; léger contre-temps qui ne nous a pas empêchés de reprendre ces expériences pour l'envoi rapide des croquis.

pigeons-voyageurs et plusieurs fois ce service a donné des résultats très sérieux.

Le *Monatsblad de Badische Verein*, mandait de Londres en février 1880 :

Il est arrivé, ce matin, à Harwich deux pigeons-voyageurs lancés d'un feu-flottant et portant avis qu'un bâtiment en vue était exposé à de grands dangers ; des secours ont pu lui être envoyés aussitôt.

C'est la première fois que les pigeons que l'on entraîne depuis longtemps sur les feux-flottants ont été à même de rendre un tel service.

Le même journal nous révélait une utilisation originale du pigeon en Ecosse. Le docteur Harvey, dont la clientèle était très étendue, emportait dans ses visites lointaines, une demi-douzaine de pigeons-voyageurs. En cas d'urgence, il en lâchait un, porteur d'une ordonnance.

Au client sérieusement malade dont l'état pouvait s'aggraver à tout instant, il laissait un pigeon, afin d'être renseigné de suite si sa présence était nécessaire.

De son côté, l'armée ne s'est pas désintéressée de l'emploi du pigeon comme messager de guerre.

Au cours des manœuvres de 1886, le duc de Cambridge fit des expériences intéressantes.

Un pigeon lâché à Canterbury, à sept heures du matin, apporta, dès huit heures, à l'adjudant général à Douvres, une dépêche annonçant que l'ennemi occupait Canterbury en force et avait fait prisonnier tous les employés du télégraphe.

Une heure plus tard un autre pigeon apportait au même officier la nouvelle de la marche de l'ennemi sur Leyden, avec un corps de 7.000 hommes et 10 canons.

Les résultats furent très concluants.

Le journal anglais *Poultry* constate qu'en 1884, le capitaine Allatt, professeur au collège royal militaire de Sandhurst, voulant démontrer l'utilité des · pigeons-voyageurs et les services qu'ils peuvent rendre à l'armée, supposa un instant le pays envahi par l'armée ennemie, et Sandhurst assiégé. Dans l'impossibilité de pouvoir communiquer avec le dehors, il réclama des renseignements par pigeon sur la marche de l'ennemi et il lui fut répondu de Douvres et de Portsmouth par la même voie. Il réussit complètement.

Ceci démontre que l'Angleterre étudie de près la correspondance aérienne par pigeons-voyageurs.

IV. — L'ITALIE

Jusqu'en 1878, on s'était très peu occupé de colombophilie dans la Péninsule Italique. La *Vita di Campana* de Florence en fait l'aveu dans un article qu'elle publia il y a une dizaine d'années.

A partir de cette époque les Italiens cherchèrent à organiser des sociétés colombophiles. La première fut fondée en 1878 à Florence par M. Gonin.

En 1879, nous voyons des amateurs de Modène donner un concours sur Rome.

Le général Lostia, commandant territorial d'artillerie, qui s'intéressait beaucoup à la question des pigeons-voyageurs, délégua à Modène le capitaine du génie Malagoli pour recueillir des renseignements sur le résultat de ce concours.

En 1884, nous voyons tenter de nouvelles expériences à Turin avec des pigeons élevés par les soins du Ministère de la Guerre.

A la suite de résultats remarquables, le jury de l'Exposition Italienne tenue à Turin, décerna un diplôme d'honneur dans la catégorie des pigeons-voyageurs au Ministère de la Guerre.

Dès lors, le Gouvernement Italien encouragea l'initiative privée. En 1886, il accorde deux médailles d'or aux sociétés de Modène et de Reggio.

Douze colombiers militaires sont installés en Italie; ils relèvent du génie et leur service est concentré à Rome sous la direction du commandant territorial.

Le premier fut établi en 1876 à titre d'expérience au 12e régiment d'artillerie à Ancône; le deuxième en 1879 à Bologne. A la suite des résultats obtenus par une double expérience, lors des grandes manœuvres de Foligno en 1882, le Ministère de la guerre organisa un service complet de correspondance aérienne par pigeonniers militaires pour l'armée et la flotte.

Ancône, Palerme et Bologne furent d'abord choisis comme stations; pour le service des explorations maritimes, on installa un colombier à Cagliari (Sardaigne).

L'*Esercito* publia, en 1888, une intéressante relation sur l'emploi des pigeons-voyageurs en Abyssinie par les troupes italiennes entre Massaouah et Saati.

En juin 1890, l'amiral Lovera di Maria présidait en personne une série d'expériences colombophiles. Successivement de Venise à Tarente, il a lancé des pigeons qui ont tenu le port d'Ancône au courant de la marche de l'escadre Italienne.

L'Italie s'occupe donc très activement d'assurer la correspondance par pigeons-voyageurs, tant pour le service de ses places fortes que pour celui de ses côtes.

Il a été publié à Turin un ouvrage sur le pigeon-voyageur, dû à la plume savante du lieutenant du génie Malagoli, qui est la cheville ouvrière de la colombophilie Italienne (1).

Il se publie à Fermo, sous la direction du marquis Girolamo Trevisani, un journal qui a pour titre : *Giornale di Pollicullori*, organe spécial des éleveurs et journal officiel des sociétés colombophiles Italiennes.

L'Italie n'est donc pas restée en arrière, et comme toutes les puissances de l'Europe, elle a tenu, après avoir été témoin des services rendus par les pigeons-voyageurs pendant la guerre de 1870-71, à se les assurer, le cas échéant.

V. — LA HOLLANDE

La colombophilie n'est, en Hollande, qu'une simple distraction. C'est à dater de 1874 que des sociétés s'organisèrent, à La Haye d'abord, à Rotterdam ensuite ; leur développement

---

(1) *I Colombi*, par MALAGOLI, éditeur Loescher à Turin.

sera toujours contrarié par la raison que les amateurs ne sortent pas de leur localité.

M. Van Ogten, officier de l'état-major de l'armée Hollandaise, fut nommé président d'honneur de la société de La Haye. Cédant à ses instances, le Ministère de la guerre encouragea l'élevage du pigeon-voyageur en Hollande. Trait d'union entre l'élément militaire et l'élément civil, M. Van Ogten, dans un discours qu'il prononça le 22 novembre 1880, engage les amateurs à s'appliquer à l'élevage du pigeon-voyageur, *afin de venir en aide à la patrie si celle-ci avait un jour besoin d'installer un service de poste aérienne.*

A la suite des concours de Paris et Orléans en 1882, 1. lieutenant-colonel Dommer, délégué du Ministre de la Guerre, présida la distribution des prix, preuve évidente du patronage de l'autorité militaire.

VI. — LA SUISSE

Peu de choses à dire de la Suisse.

Le compte rendu de la Société Ornithologique de Bâle, de 1878, constate que le colonel de Loës d'Aigle reçut de France 50 paires de pigeons-voyageurs qui furent remis au Conseil fédéral.

On ne sut aucunement tirer parti de ces producteurs, qu'on distribua au hasard dans divers districts.

En 1879, le *Times* donna le résultat d'expériences faites *à la demande* du département militaire du Gouvernement fédéral de la Suisse, dans le but de vérifier si des pigeons porteurs de dépêches pouvaient prendre leur vol à de grandes hauteurs, et s'ils étaient capables de retrouver leur route aussi bien en partant des sommets couverts de neige qu'à de moindres altitudes.

VII. — LA RUSSIE

Dès le premiers jours de 1871, le Gouvernement impérial songea à installer des colombiers militaires.

Les journaux Russes en ont donné des descriptions détaillées qui démontrent qu'on en a confié le soin à des hommes très compétents.

Après des premiers essais très réussis, le Ministère de la guerre approuvait, en juin 1874, un projet présenté par un amateur colombophile, M. Treskine, et lui allouait 700 roubles (soit environ 3.000 fr.) pour frais de construction d'un pigeonnier à Moscou.

L'*Invalide Russe* constatait, en mai 1875, la parfaite installation de ce colombier.

En décembre de la même année, on établissait une poste aux pigeons à Varsovie.

Le monde militaire se préoccupa des expériences faites avec les pigeons-voyageurs. Le colonel d'état-major Kowerski organisa, en 1876, plusieurs conférences très suivies.

La Russie croit si bien à l'importance de la correspondance aérienne par pigeons-voyageurs que, sur la proposition du Ministre et du Conseil de l'Empire, l'Empereur ordonna, en 1888, la prohibition dans toute l'étendue de l'Empire Russe de l'importation de pigeons étrangers.

VIII. — **L'AUTRICHE**

Nous avons peu de renseignements sur la marche des sociétés colombophiles en Autriche.

Il importe de constater qu'au lendemain de la guerre, M. Valcher de Moltheim, conseil général de S. M. l'Empereur d'Autriche-Hongrie, délégua son secrétaire, M. Henri Wiener, auprès de M. La Perre De Roo à l'effet d'obtenir tous les renseignements nécessaires sur l'art de dresser les pigeons voyageurs pour le service de guerre.

Des colombiers militaires furent établis.

Le Gouvernement autrichien fit notamment, à l'occasion des manœuvres militaires de 1877, des essais de poste par pigeon. Ce fait se trouve consigné dans le livre *Brieftaube* du Dr Carl Rusz.

IX. — L'ESPAGNE

L'Espagne songea de bonne heure à l'installation de colombiers militaires.

C'est M. Mariano de la Paz, professeur au Muséum d'histoire naturelle de Madrid, qui fut délégué en France par le Ministre de la Marine pour étudier cette installation.

L'organisation de la poste par pigeons y est complète. Madrid est le centre de ce plan et la communication entre les places fortes et la capitale est assurée.

L'Espagne a aussi fermé ses portes aux pigeons de provenance étrangère.

X. — LA ROUMANIE

La Roumanie suit avec attention tous les progrès de la colombophilie en Europe.

Sous l'impulsion de M. le Commandant du Génie à Bucharest, elle ne tardera pas à se mettre bientôt au niveau des autres puissances.

XI. — LE DANEMARK

Quelques villes du Danemark prennent intérêt au Sport colombophile. Plusieurs sociétés s'y sont constituées pour favoriser l'élevage du pigeon-voyageur et les entraînements. Ces sociétés comptent des membres actifs et honoraires.

Ces renseignements nous sont fournis par un journal Danois paru en 1883.

Les Sociétés colombophiles Danoises ont établi un service de communications aériennes entre le littoral et les navires qui parcourent le Sund et le Cattegat.

CHAPITRE II

LA FRANCE

§ Ier.

**Modestes débuts du Sport colombophile Français.
Son grand développement depuis 1875.**

Nous avons démontré, avec documents à l'appui, les progrès de la colombophilie en Europe et l'intérêt particulier que l'armée y attachait dans toutes les puissances.

Examinons maintenant en détail le chemin que nous avons parcouru en France depuis vingt ans.

Qu'était le Sport colombophile avant 1870 ? bien peu de chose. Concentré dans quelques villes du département du Nord, il n'existait qu'à l'état embryonnaire. De rares colombophiles, que le public mettait au rang des amateurs de pinsons et de canaris, organisaient de modestes concours et prenaient part à ceux qu'offraient les sociétés de la frontière Belge.

A ce temps-là, un pigeon qui revenait de Paris dans la même journée était l'objet de l'admiration générale. On n'avait aucune idée des procédés de métrage actuellement en usage.

Il existait à Paris quelques amateurs qui, la plupart, avaient importé de la Belgique le goût du pigeon-voyageur, mais on les connaissait à peine ; il fallut le siège de Paris de 1870-71 pour les mettre tout à coup en évidence.

Dès qu'on vit la capitale menacée d'investissement, cernée de toutes parts, privée avant quelques jours de toutes communications avec les provinces et les corps d'armée qui s'opposaient à la marche de l'ennemi, l'idée vint de recourir aux ballons et aux pigeons-voyageurs (1).

---

(1) M. Steinackers, directeur général des postes et télégraphes en 1870, a publié des relations intéressantes sur l'emploi des pigeons et des ballons pendant le siège. Son livre a pour titre : *Les Télégraphes et les Postes en 1870-71*. In-12. Paris, Charpentier, 1883.

Les départements du Nord et de la Seine se trouvaient seuls à même de rendre quelques services. 1.500 pigeons furent immédiatement réunis à Tourcoing, Roubaix et Lille et enfermés le 9 septembre au bois de Boulogne, dans les greniers du jardin d'acclimatation à Paris.

De leur côté les colombophiles de Paris réunissaient 6 paniers de pigeons-voyageurs que M. Gustave Traclet fut chargé d'accompagner à Tours.

Voilà toutes les ressources qu'on put mettre alors à la disposition du gouvernement de la défense nationale !

Bien qu'elles fussent restreintes, les résultats furent sérieux et ne permirent plus de douter de l'importance du pigeon voyageur dressé pour le service de la guerre.

Si tout n'était pas parfait, écrivait en 1871 M. De Lafollye, tout était difficile, parce que tout était imprévu Ne faudrait-il pas conclure de là que pour l'avenir il serait bon de prévoir ?

Des pigeons du Nord, il en revint peu. L'hiver était rigoureux, le sol souvent couvert de neige, et le voyage assez long. On se rappelle encore avec quelle émotion et quelle joie on s'empressait de remettre aux autorités les dépêches rapportées par les pigeons. Le premier qui rentra appartenait à M. Florentin Hassebroucq, de Roubaix ; sa dépêche donnait les détails de la bataille de Champigny.

Un pigeon de Tourcoing, appartenant à M. J. Descamps, rapporta de Paris les détails de l'affaire de Villejuif. Il était blanc, ce qui n'est pas commun dans l'espèce. Sa dépêche, enroulée autour d'une plume caudale, ne paraissait pas plus volumineuse qu'une plume d'oie. Développée, elle avait au moins 25 centimètres carrés ; le papier était pelure d'oignon.

Cette dépêche causa un enthousiasme indescriptible à la population. Le fidèle messager, religieusement empaillé, est exposé au musée du pensionnat Saint-Michel, à Tourcoing.

Le même jour, quatre autres pigeons de Tourcoing étaient de retour de Paris.

Tous les pigeons ne furent pas lâchés ; un certain nombre furent vendus à la halle dès qu'on n'en eut plus besoin...

La colombophilie était créée. Au lendemain de nos défaites, on vit de toutes parts se former des sociétés dans un but patriotique.

Tout le premier, le gouvernement créa des pigeonniers militaires, M. La Perre De Roo en fut un des principaux promoteurs.

En 1875, nous faisions appel à l'initiative privée et à tous ceux qui avaient le désir de travailler au relèvement de la patrie.

La *Revue colombophile* rallia d'abord les sociétés du Nord, puis celles du Centre et du Midi.

La société l'*Espérance* de Châtellerault donna, une des premières, l'exemple, recruta membres actifs et honoraires. Puis vinrent les sociétés colombophiles de Montauban, d'Elbeuf, de Rouen, de Sotteville-lez-Rouen, de St-Nazaire.

Dès lors le sport colombophile prit des proportions magnifiques.

Avant 1875, onze départements comptent des sociétés colombophiles organisées.

En 1890, nous en relevons 47.

Nous avons donc depuis 15 ans rallié 36 départements à la colombophilie.

Les recensements ordonnés par le Ministère de la Guerre, nous fournissent des chiffres qui prouvent que, le jour d'une déclaration de guerre, nous pourrions mettre au service du pays plus de 100.000 pigeons entraînés dans toutes les directions, rompus aux fatigues des voyages les plus lointains.

Les trois villes de Lille, Roubaix et Tourcoing où l'on ne trouva en 1870 que 1.500 pigeons plus ou moins bien exercés pourraient en fournir actuellement une vingtaine de mille, parfaitement dressés.

Dans le Centre, l'Est, l'Ouest et le Midi, le progrès a toujours suivi sa marche ascendante. Seul le Sud-Est est dégarni. Les départements faisant face à l'Italie, à la Suisse et au Sud-Ouest de l'Allemagne sont restés en arrière.

Nous faisons des vœux pour que la colombophilie trouve

sans retard de nouveaux adeptes, dans ces pays-frontières où elle est, plus que partout ailleurs, nécessaire.

C'est le dernier pas qui reste à faire en France pour la garnir de toutes parts de sociétés colombophiles prêtes à lui sacrifier une solide armée de pigeons-voyageurs sur laquelle on pourra compter, en tous temps et en toutes circonstances.

§ II.

Perfectionnement des races. — Expériences tentées sous toutes les formes et dans toutes les directions.

Si le nombre de pigeons-voyageurs s'est considérablement accru, si la colombophilie a jeté partout de profondes racines, elle a aussi doublé la valeur des pigeons.

Par des achats sérieux en Belgique, par les soins apportés dans la sélection et un triage continuellement opéré pour élaguer les sujets inférieurs, par une méthode d'entraînement bien raisonnée, la colombophilie Française en est arrivée à n'avoir plus rien à envier à la colombophilie Belge.

Il suffit, pour s'en convaincre, de parcourir les résultats de concours. Les prix sur un voyage de 200 à 300 kilomètres sont aujourd'hui enlevés en quelques minutes alors qu'il fallait, il y a 10 ans, une demi-heure pour terminer le concours.

Il faut dire que le convoyage est entré dans nos mœurs et que les pigeons sont soignés et lâchés aujourd'hui beaucoup mieux qu'ils ne l'étaient lorsque, par économie, l'on confiait ces soins à l'indulgence et l'humanité des employés du chemin de fer.

La vitesse moyenne des pigeons est de 1.000 à 1.100 mètres à la minute. Les concours de 200 à 300 kilomètres sont considérés comme des jeux d'enfants.

Les pigeons dressés pour les concours lointains sont de plus en plus nombreux. Le concours national Français organisé chaque année depuis 13 ans par les sociétés de Lille, Roubaix et Tourcoing réunissait en 1878 sur Mont-de-Marsan, 306 pigeons. En 1889, il en fournit 874, en 1890, 852, et la moyenne est de 1.000 pigeons. Ce chiffre serait certainement dépassé si les frais n'arrêtaient beaucoup de petites bourses.

On ne sait plus en présence de quelles distances on s'arrêterait actuellement, tant on a des pigeons de race et de résistance (1).

Le sport colombophile s'est livré à toutes les expériences nécessitées par le but patriotique qu'il poursuivait, et les résultats en ont été pratiques.

On a interné des pigeons pendant un mois. C'est le colonel du génie Barillon qui proposa, en 1876, cette première expérience aux amateurs de Lille. Les pigeons quittèrent Lille pour Paris le 27 juillet et furent enfermés au Jardin d'acclimatation, mâles et femelles séparés.

Le 27 août expirait le terme de la captivité, la liberté fut rendue aux prisonniers.

Lâchés à 8 h. 10 du matin, à une distance de 250 kilomètres, les fidèles messagers étaient presque tous de retour, les premiers vers 11 h. 45, les autres vers midi.

Les mêmes essais furent tentés sur divers points de notre territoire et toujours avec succès.

Onze années plus tard les Allemands tentèrent les mêmes expériences, à la demande du général Bronsart von Schellendorf, Ministre de la guerre de l'empire Allemand.

De sérieuses expériences, suivies de résultats concluants, ont été faites sur l'aller et retour des pigeons.

Les sociétés du Nord n'hésitèrent pas à lancer leurs pigeons dans des directions nouvelles. Nous les voyons en 1879 à Belfort et à Lyon.

Celles du Midi, et particulièrement l'*Espérance* de Châtellerault, prirent la direction du Nord qui semble contrarier l'orientation du pigeon. D'abord très éprouvée elle n'en continua pas moins ses expériences avec opiniâtreté, et les

---

(1) Au concours national de 1890, les pigeons, lâchés à St-Vincent le 7 juillet à 4 h. 30 du matin, sont rentrés le soir même à 5 h. 35 ; le premier prix avec une vitesse de 1093^{m}25 à la minute, le dernier prix avec une vitesse de 989^{m}36.

résultats obtenus le 16 juin 1889 sur Arras prouvent que ce n'a pas été en vain. Lâchés à 5 heures par temps couvert, les pigeons touchaient Châtellerault à 12 h. 26, et à 1 h. 53 les 43 prix étaient enlevés.

Nous voyons, d'un autre côté, les sociétés du littoral lâcher en mer et mettre nos bâtiments de guerre en communication aérienne avec nos ports.

§ III.

Les expériences en mer.

L'une des premières, la société *Le Pétrel*, de St-Nazaire, inaugura les expériences en pleine mer.

Fondée en juin 1877, elle fit dès le mois d'août avec un plein succès des expériences très curieuses qu'on ne pouvait réellement tenter qu'avec des pigeons habitués à la mer.

On prit à bord des yachts des régates internationales qui durèrent plus de 30 heures, au large de Belle-Isle, un certain nombre de pigeons-voyageurs qui, lâchés d'heure en heure, renseignaient parfaitement le public sur la position des concurrents.

A chaque départ, les paquebots transatlantiques en emportaient et les amateurs de St-Nazaire-sur-Loire eurent d'excellents résultats à 170 milles marins au large de Belle-Isle.

Pour entraîner leurs pigeons, les amateurs de St-Nazaire les confiaient aux chaloupes de pilotes qui en emportaient fréquemment.

En reconnaissance de ces expériences, M. le Ministre de la Guerre accorda à la société *Le Pétrel* six médailles d'encouragement.

Notre confrère du journal *La Colombe*, qui paraissait à Marseille en 1886, constatait les mêmes efforts dans le département des Bouches-du-Rhône.

« Les services rendus par les pigeons-voyageurs sur le

continent, écrivait-il alors, sont aujourd'hui assez connus pour que nous n'ayons plus à les faire valoir.

C'est sur mer que nous voulons faire l'expérience des communications aériennes.

On ne pourra pas nier que de tels messagers ne puissent être, à un moment donné, d'une utilité incontestable à la navigation. Supposons, en effet, comme les armateurs et assureurs de nos ports méditerranéens ont malheureusement l'occasion de l'apprendre quelquefois, et toujours après coup, qu'un navire se trouve en détresse sur un point quelconque du bassin de la Méditerranée, éloigné de toutes communications. Que faire ? attendre le passage d'un navire ? Si notre navire en détresse est sur la route des vapeurs et près des voies régulières il trouvera un appui, peut-être avec quelques difficultés, mais le résultat de ses signaux est à peu près certain.

Que se passera-t-il au contraire si ledit navire a la malencontreuse chance d'être jeté par la tempête dans une rade foraine, sans communication avec l'intérieur et en dehors des routes fréquentées ? Le malheureux capitaine sera dans l'impossibilité matérielle de faire connaître à âme qui vive sa situation critique. Qu'il ait à bord un certain nombre de pigeons du colombier de résidence, et le voilà à même de résoudre la difficulté : une petite dépêche placée dans un tube de plume d'oie de quelques centimètres et passée à la sixième plume caudale sera vite transportée au port d'attache par le messager aérien.

On nous traitera d'utopistes. Comment se peut-il, nous dira-t-on, qu'un pigeon traverse avec quelque chance d'heureuse arrivée des étendues de mer certainement importantes, car ce n'est évidemment qu'à une distance sérieuse des côtes habitées que le cas peut se présenter ?

Qu'on attende nos explications.

Nous avons déjà fait des expériences. Nos pigeons sont revenus de la Corse, les résultats des lâchers partiels que nous avons opérés en pleine mer dans un rayon d'une centaine de milles de Marseille ont pleinement réussi (1). Nous n'avons pas plus qu'il ne faut confiance dans le succès, mais nous ne croyons pas être au-dessus de la vérité en déclarant qu'après avoir subi les entraînements réguliers que nous comptons faire sur les côtes méditerranéennes et au-delà du rayon dont nous avons parlé plus haut, nos pigeons rentreront aussi bien des Baléares et de la côte Algérienne qu'ils sont venus des points de départ de nos expériences jusqu'à ce jour.

N'aurons-nous pas à ce moment résolu le problème ? L'armateur et l'assureur, chacun pour ce qui les concerne, ne paieraient-ils pas bien cher cette nouvelle qui leur serait apportée par nos facteurs de l'air ? Des secours seraient bien vite envoyés du port le plus rapproché du sinistre et le frêle volatile aurait évité de la sorte par l'apport de son précieux message bien des catastrophes et bien des ruines.

L'application du système est des plus simples : le navire en partance, avant de lever l'ancre, embarque un panier de quelques pigeons auxquels il suffit de donner de l'eau, en remplissant l'abreuvoir spécial attaché au panier, et de fournir une poignée de grains par jour pour leur nourriture dans le fond du panier lui-même. Nous avons indiqué la manière de placer la dépêche transcrite sur un papier pelure et introduite dans le tube de plume d'oie avant d'être placée à la queue du pigeon. Il ne reste plus qu'à donner la liberté au messager en lui souhaitant, en même temps qu'à soi-même, une heureuse arrivée à destination, au nom de Dieu et de bon sauvement, pour nous servir de l'expression des marins.

Nous avons déjà communiqué à nos compagnies maritimes l'intention que nous avions d'opérer à bref délai nos entraînements loin des côtes. Nous sommes heureux de pouvoir déclarer que nos compagnies ont toutes bien accueilli cette idée qui est la nôtre. Elles ont mis gracieusement leurs vapeurs à notre disposition pour le transport gratuit de nos paniers et

---

(1) Le 10 juillet 1887, la *Colombe* de Marseille fit un lâcher sur les côtes de la Corse, à Calvi. Les pigeons franchirent la distance en six heures.

nous ont promis le concours de leurs capitaines pour nos lâchers en mer.

Nous leur exprimons par avance nos remerciements bien sincères pour leur bienveillant appui dans l'accomplissement de la tâche que nous nous sommes imposée. Nous serons leurs obligés jusqu'au jour où nous aurons réussi, et alors la satisfaction de leur être utile sera la récompense de nos efforts. »

. . . .

D'autre part, des amateurs du Pas-de-Calais utilisaient à Boulogne-sur-Mer leurs pigeons pour le service de la pêche aux harengs.

Depuis quelque temps, écrivions-nous en 1887, deux de nos abonnés, armateurs de Boulogne, MM. Bouclet et Duchochois, intriguaient fort leurs confrères par une sorte de prédiction et de pronostics à coups sûrs.

Alors qu'aucun bâteau n'était en vue, que les vents étaient contraires, ils envoyaient un remorqueur à la rencontre de leurs lougres en pleine mer en disant au capitaine : « Vous trouverez tel numéro, dans tel parage, près de tel cap ; il a à bord telle pêche, vous le remorquerez jusqu'au port. »

Et le remorqueur trouvait en effet le bâteau ; s'il ne le découvrait pas une première fois, on le renvoyait avec des indications plus précises, plus détaillées, et cette fois le vapeur rencontrait et ramenait le bâteau.

Le mystère n'était pas bien difficile à éclaircir, direz-vous : ces Messieurs usaient du télégraphe électrique ou des sémaphores placés le long des côtes.

— Nullement, car le bâteau ne pouvant être aperçu de la terre, ils n'avaient recours ni aux sémaphores, ni au télégraphe sous-marin, qui n'a pas de bureau en pleine mer.

Si vous vous étiez approché de ces Messieurs, pour les interroger, ils vous auraient peut-être montré un petit passement large d'un demi-centimètre et à peine long d'un décimètre ; sur cette bande vous eussiez pu lire, gravés à l'encre, les renseignements si précieux qui leur permettaient d'envoyer à coup sûr en pleine mer chercher leur bâteau et sa pêche.

C'est, vous le devinez, un messager ailé qui leur apporte ces dépêches non chiffrées.

M. Bouclet, armateur, a le premier à Boulogne tenté d'employer des pigeons-voyageurs pour avoir des nouvelles de ses bâteaux ; M. Duchochois, son confrère, a commencé très peu de temps après. L'essai ingénieux qu'ils ont tenté, après quelques tâtonnements, a pleinement réussi, et l'année prochaine tous les armateurs auront des pigeons-voyageurs dont ils attendent des services inappréciables.

Un pigeon pourra certains jours faire gagner des milliers de francs à son maître.

Nous croyons que nos deux colombophiles Boulonnais sont les premiers, en France du moins, qui aient employé les pigeons-voyageurs à ce mode de communication suivie entre les bâteaux de pêche et leurs armateurs.

Mais il ne faut pas se faire d'illusion et croire qu'on réussit du premier coup à obtenir ces résultats magnifiques. Ce n'est que par un entraînement intelligent et progressif qu'on dresse ces pigeons-voyageurs à retrouver ainsi à travers l'Océan le chemin de leur colombier.

. . . .

En mai 1888, les amateurs de Cherbourg commencèrent une série d'expériences d'entraînement en pleine mer.

L'autorité maritime avait mis à la disposition de la société un canot de l'Etat qui, à huit heures du matin, prit à son bord un panier renfermant une soixantaine de pigeons.

Le lâcher eut lieu à neuf heures trois quarts sur la digue. Puis les expériences se continuèrent en pleine mer avec le concours de l'autorité militaire, jusqu'à une distance de plusieurs dizaines de milles.

En 1888, quelques jours avant le départ de la division cuirassée du Nord, un colombier fut construit dans le port militaire et installé à bord du *Suffren* La société de Cherbourg avait offert six couples de jeunes au commandant de l'escadre.

Sept pigeons survécurent ; très bien habitués à leur bâteau, ils suivaient leur bâtiment, quand l'escadre était en manœuvre, s'écartant parfois très loin et revenant infailliblement à celui auquel ils appartenaient, avec une sûreté d'autant plus admirable que les trois bâtiments, absolument identiques, pouvaient donner lieu à des confusions.

Un jour entr'autre, écrivait un officier de marine, étant au mouillage de Lezardrieux, en Bretagne, la cage ayant été ouverte le matin, les pigeons prirent leurs ébats accoutumés et allèrent assez loin ; quand ils revinrent, l'escadre était appareillée ; le dernier rentrait quelques heures après, au mouillage de Saint-Quay, où l'on s'était dirigé en quittant Lezardrieux, la distance entre les deux points était au moins de 40 à 50 kilomètres.

. . . .

Sur tous les points de notre littoral, les amateurs colombophiles Français tentèrent des essais qui firent le plus grand honneur à leurs pigeonniers et donnèrent la preuve de leur initiative et de leur dévouement.

Le Ministre de la Marine a si bien compris les importants services que pourrait lui rendre la colombophilie maritime qu'il a mis à l'étude un projet consistant à détacher du Ministère de la Guerre, pour se les attribuer, les Sociétés colombophiles et les colombiers particuliers de Dunkerque, Calais, Boulogne, Fécamp, Le Havre, Caen, Cherbourg, St-Brieuc, St-Nazaire, Nantes, La Rochelle, Oléron, Rochefort, Bordeaux, Bayonne, Marseille et Toulon. Quel plus bel éloge et quelle plus digne récompense pour l'initiative privée ?

§ IV.

Le Congrès de 1889.

Nous n'aurions garde de passer sous silence la plus importante manifestation colombophile qui ait réuni en Congrès les délégués des Sociétés Françaises et les représentants officiels des gouvernements étrangers. Nous voulons parler du Congrès international colombophile et aérostatique qui tint ses séances en juillet-août 1889, au Palais du Trocadéro, à Paris, sous la présidence de M. Jansen, membre de l'Institut.

Dans son discours d'ouverture, M. Jansen a donné, sur les rôles de la colombophilie et de l'aérostation, des aperçus intéressants et tracé la ligne de conduite aussi bien des congressistes que de tous les adhérents à notre Sport. Ce document très remarquable a sa place toute marquée dans cet ouvrage. Aussi avons-nous tenu à ce qu'il y figurât, parce qu'il rend à la colombophilie la part d'éloges qui lui revient et constate sa marche en avant.

Voici dans quels termes élevés s'exprima M. Jansen :

Messieurs,

J'ai tout d'abord à vous remercier de vos suffrages, j'en suis extrêmement honoré et reconnaissant. Aussi croyez bien que je ferai tous mes efforts pour répondre à votre attente, et remplir la tâche, particulièrement importante dans les circonstances actuelles, que vous venez de me confier.

Les deux congrès, dont les membres se sont réunis pour cette séance d'ouverture, auront certainement une grande influence sur l'avenir des études dont ils s'occupent.

Il semble en effet, Messieurs, que les progrès qu'on pouvait attendre des efforts isolés ou réunis par petits groupes ont été à peu près réalisés, et que le moment est venu de rapprocher d'une manière plus intime tous ceux qui parcourent vos carrières, afin que de cette entente et de ce concours, il jaillisse des lumières et des forces nouvelles.

Tout d'abord, une vue plus claire et plus précise du but à atteindre et des voies propres à y conduire Ensuite, la création des moyens plus puissants d'encouragement et d'étude. Enfin, l'obtention de cette force qui résulte de l'union et du nombre, et qui vous permettra de vous imposer à l'attention du Gouvernement, pour en obtenir la protection et les encouragements indispensables aujourd'hui, et à l'opinion publique que vous conquerrez complètement, quand elle verra le caractère scientifique, élevé, de vos études, quand elle comprendra la beauté et la grandeur des problèmes dont vous cherchez la solution dans l'intérêt de l'humanité, et j'ajoute, à l'honneur de l'esprit humain.

Messieurs, les sujets qui vous occupent paraissent d'abord bien différents et cependant, pour un esprit attentif, il est des points de contact pleins d'intérêt et qui peuvent devenir bien féconds.

Je ne rappellerai pas que dans une circonstance mémorable vous avez associé vos efforts, et que c'est cette collaboration qui a permis à une capitale assiégée de rester en rapport avec le reste du pays.

C'est une collaboration d'un autre genre dont je veux parler. Je voudrais que, tandis que les uns travaillent par les voies de la génération et de l'éducation, à perfectionner les facultés et les instincts d'un oiseau qui réalise une machine volante si admirable, les ingénieurs aéronautiques y voient un sujet d'études fécond. Bien entendu qu'il ne s'agit pas ici d'une imitation superficielle, mais d'une étude persévérante et approfondie, poursuivie jusqu'au moment où le génie saura en dégager les principes généraux que la nature y a cachés, et qui s'appliqueront non seulement à la machine artificielle des aviateurs, mais qui auront encore des conséquences pour l'aéronautique tout entière.

Messieurs, l'art de se servir d'un oiseau auquel je viens de faire allusion pour transmettre des nouvelles, paraît bien ancien. Peut-être en trouverait-on des traces dans ces vieilles civilisations de l'Orient, où l'on trouve l'origine de tant d'arts et de découvertes. Pour nous qui avons tout reçu de la Grèce, c'est elle encore qui nous offre un exemple authentique de cet emploi si ingénieux. On raconte, en effet, qu'un jeune athlète, vainqueur aux jeux Olympiques, annonça aux siens sa victoire, au moyen d'un pigeon qu'il avait emporté avec lui, et qu'il lâcha après lui avoir attaché à la patte un bout de ruban écarlate, signe de triomphe.

De la Grèce cet art dut passer chez les Romains, car nous retrouvons des exemples de l'emploi des pigeons messagers au temps des Empereurs.

Pendant le moyen-âge, l'Occident ne paraît pas avoir pratiqué l'art colombophile, mais il paraît qu'il s'était conservé en Orient, car les croisés le trouvèrent pratiqué par les Musulmans au siège de Jérusalem.

Mais à la Renaissance, l'emploi des pigeons recommença à être pratiqué, et précisément dans la contrée qui a été initiatrice dans l'art colombophile. En 1575, en effet, au siège de Leyde, nous voyons que les assiégés recevaient des nouvelles et des encouragements du prince d'Orange, par le moyen des pigeons. Peu après, en 1594, c'est précisément la ville qui devait faire un si large usage des messagers ailés, qui nous offre un nouvel exemple. Paris, assiégé par Henri IV, se servait de pigeons pour franchir la ligne de l'assiégeant Il paraît même que le futur et avisé monarque avait fait dresser des faucons pour donner la chasse à ces messagers aériens.

Les pigeons eurent encore un autre usage, et après avoir servi d'auxiliaires aux armées, ils devinrent aussi ceux de la finance. En 1815, une maison de banque déjà célèbre dans le monde entier, se servit de ces messagers pour être informée la première de l'issue de la lutte engagée entre Napoléon et les Alliés. Des pigeons secrètement apportés de Londres, furent lâchés à l'issue de la grande journée de Waterloo, non loin du champ de bataille, et portèrent à leur maître, une nouvelle qui changeait si profondément les crédits respectifs des fonds publics des nations en présence, et permettait des opérations dont les bénéfices durent être considérables.

La connaissance de l'admirable instinct des pigeons est donc bien ancienne, et nous en voyons des applications à toutes les époques de l'histoire.

Mais, Messieurs, ce qu'il faut bien remarquer, c'est que depuis l'antiquité jusqu'à notre époque, l'emploi des pigeons comme messagers reste toujours intermittent, et à l'état, en quelque sorte, de fait isolé. Il n'est jamais entré d'une matière générale et permanente dans le service des armées.

Cet état de choses va changer avec le siège de Paris, pendant la guerre Franco-Allemande. Paris, complètement investi, isolé au milieu de la France, et faisant tant d'efforts infructueux pour rester en rapport avec elle, a dû à l'emploi combiné des pigeons et des ballons, de recevoir des nouvelles de la défense nationale, et il n'a pas tenu aux hommes éminents et dévoués qui dirigeaient ce service, si ces précieuses informations n'eussent été mieux utilisées et ne servissent à mieux coordonner d'une manière plus complète les actions et les efforts.

Quoiqu'il en soit, la démonstration était si complète, que c'est du siège de Paris que date le grand essor de l'art colombophile. Toutes les nations, et particulièrement, celles qui paraissent devoir se rencontrer encore sur les champs de bataille, ont voulu doter leurs armées d'un moyen aussi précieux d'informations De là, Messieurs, le grand développement actuel de l'art d'élever les pigeons messagers. En France seulement, il existe aujourd'hui plus de 200 sociétés qui cultivent le sport colombophile (1).

Je dis le sport, car il faut bien le comprendre, Messieurs, l'art d'élever des pigeons messagers ne peut être uniquement soutenu par l'espoir de doter les forces nationales de précieux auxiliaires pour l'éventualité d'une guerre dont l'échéance est incertaine, et peut-être, ce que nous devons tous souhaiter, encore reculée Il lui faut encore l'intérêt des concours fréquents, et le stimulant du succès et de la victoire. Mais n'oublions pas que si ces sociétés paraissent constituées en vue du sport, leur principale raison d'être à nos yeux, comme à ceux de tous leurs membres, certainement, réside dans leur utilité nationale et dans l'admirable réserve qu'elles préparent et dans laquelle le gouvernement

---

(1) L'annuaire que nous avons dressé en relève plus de 500.

viendra puiser au jour du danger. C'est à ce titre, Messieurs, que ces sociétés ont droit à toutes nos sympathies, c'est à ce titre qu'elles doivent être encouragées et protégées par leurs gouvernements respectifs, c'est à ce titre encore, que toutes les administrations doivent s'efforcer de les aider et de leur donner toutes les facilités désirables et possibles.

Messieurs, votre réunion en Congrès et les mesures que vous saurez adopter pour établir dans chaque contrée, entre toutes les sociétés colombophiles, des liens qui leur manquent actuellement, aideront puissamment à atteindre ce but. Il faut que des voix autorisées puissent parler au nom de tous, chaque fois qu'il s'agira de questions où l'intérêt de tous est engagé.

La création d'un Comité central, à l'image de celui que nous avons au Club Alpin, me paraîtrait devoir aider puissamment à atteindre ce but. Ce Comité, émanation des syndicats et des sociétés de province, leur servirait de lien, et souvent de guide. Il pourrait proposer à l'étude des sociétés, ces questions si intéressantes du perfectionnement des races et de l'éducation, de l'hygiène, des meilleures dispositions à adopter pour les colombiers, des mesures à prendre pour rendre les conditions des concours absolument irréprochables. Il s'établirait ainsi entre les sociétés une émulation et des concours qui seraient l'image de ceux que les sociétés provoquent entre leurs membres, mais qui auraient des résultats bien autrement efficaces. Enfin, le Comité, agissant au nom de tous, soit à l'égard du Gouvernement, soit auprès de grandes administrations, élèverait une voix qui serait écoutée.

Par là, Messieurs, tout en conservant votre pleine liberté, votre initiative, votre autonomie, vous acquerrez une importance et une force qui rejailliraient sur chacun de vous, et dont votre art si attachant et si utile bénéficierait tout entier. A mon sens, Messieurs, si j'avais un conseil à vous donner, c'est celui que je considérerais comme le plus important, et il s'applique aussi bien à l'aérostation qu'à l'art des colombophiles.

Je viens de parler de l'aérostation, c'est vers elle maintenant que je dois me tourner.

L'aérostation me paraît à une époque remarquable mais critique de son développement. Après l'enthousiasme indescriptible que la découverte mémorable des frères Montgolfier avait provoqué, il y eut une période d'indifférence et comme de désillusion. C'est qu'on avait cru tout d'abord qu'il suffisait d'avoir découvert l'art de s'élever dans les airs, pour que le problème de la possession de l'atmosphère fût résolu. Il n'en était rien. Aujourd'hui, la question de construire une machine se soutenant dans l'atmosphère par l'application des principes de l'hydrostatique est une des plus simples et des plus faciles que la science et l'industrie actuelles puissent se proposer. Mais le problème de se diriger dans l'atmosphère, soit par une connaissance approfondie des courants, de leur maniement habile, soit surtout par l'emploi d'une force et de dispositions mécaniques capables même dans une mesure modeste, de vaincre les courants atmosphériques, est tout autre. Celui-là est d'une difficulté extrême. Extrême plus encore, peut-être, est la difficulté que cherchent à vaincre, ceux qui veulent tout devoir à l'effort mécanique, et qui, à l'exemple des oiseaux, demandent à leur appareil, et la sustention et la progression.

Et cependant l'enthousiasme de 1783 était légitime, comme aurait été légitime l'enthousiasme d'un peuple dont le territoire enserré de toutes parts par la mer, aurait assisté tout à coup au lancer de la première embarcation.

. Mesurez maintenant le temps qu'il a fallu à l'homme pour asseoir la navigation maritime sur les bases actuelles, depuis l'époque de ses premières tentatives, jusqu'au moment où nous voyons ces grands paquebots emportant à travers les Océans, avec la vitesse d'un train de chemin de fer, et sans se soucier, ni des vents contraires, ni des tempêtes, un chargement et une population qui offre comme l'image et la reproduction d'une de nos grandes cités avec sa vie, ses habitudes et tous les raffinements de son luxe et de ses plaisirs, et demandons-nous si nous sommes en retard pour la solution du problème de la navigation aérienne infiniment plus difficile que l'autre et dont l'origine date d'un siècle à peine.

Il n'y a là, Messieurs, qu'un malentendu et une impatience illégitime.

Eh bien ? Messieurs, malgré la difficulté du problème je ne demande pas pour la conquête de l'atmosphère, un temps comparable à celui que l'homme a employé pour réaliser celle de la mer. L'admirable développement des sciences, et la puissance des moyens industriels dont elle dispose aujourd'hui, hâteront singulièrement la solution.

Pour revenir à cette navigation maritime qui est comme notre point de départ et notre modèle, voyez la lenteur des premiers progrès, et peu à peu, à mesure que l'homme s'éclaire et dispose de moyens puissants, considérez la rapidité toujours plus grande des transformations. Après avoir mis tant de siècles pour enfanter la dernière expression du navire à voiles, il n'en a pas fallu un seul pour opérer la mémorable révolution réalisée par l'application de la vapeur.

Aujourd'hui, quelle chose est impossible à l'homme ? Il élève des tours qui touchent aux nuages, il perce des montagnes, des isthmes, il se joue des Océans et des tempêtes, il déplace avec des fils, le siège des forces naturelles, et sa pensée fait le tour de la terre

C'est que l'homme nous offre aujourd'hui comme l'image d'une intelligence qui aurait la faculté de perfectionner sans cesse ses organes, et d'augmenter indéfiniment leur puissance, en sorte que ses moyens d'action resteraient toujours à la hauteur de la hardiesse croissante de ses conceptions.

Messieurs, j'en ai la conviction profonde, et croyez bien qu'en parlant ainsi je ne me laisse pas égarer par mon imagination, ni entraîner par le désir de vous faire une prédiction agréable ; non, Messieurs, c'est en esprit habitué à ne considérer que les éléments positifs et certains des questions et à n'admettre que les conséquences qui en découlent rigoureusement ; c'est en un mot l'homme de science qui parle ici. Eh bien ! je n'hésite pas à dire que le XXe siècle auquel nous touchons presque et dont nous pouvons dès maintenant saluer l'aurore, verra réalisées les grandes applications de la navigation aérienne et l'atmosphère terrestre sillonnée par des appareils qui en prendront définitivement possession soit pour en faire l'étude journalière ou systématique, soit pour établir entre les nations des communications et des rapports qui se joueront des continents, des mers et des océans, et deux siècles à peine auront suffi pour obtenir ce résultat prodigieux.

Il en est parmi vous qui verront l'aurore de ce grand jour, et qui pourront se rendre le témoignage de l'avoir préparé. Gloire à eux. Que le sentiment de travailler à une aussi belle tâche les soutienne dans leurs efforts et leur donne le succès. Quant à nous, parvenu déjà presqu'au terme, que l'âge et un travail d'un demi-siècle tout entier consacré à la science, ont unis à nos efforts, nous ne pouvons que les accompagner de nos vœux et jouir d'avance de leurs triomphes. Il y a peut-être autant de grandeur et souvent plus de jouissances à admirer que de se rendre digne de l'être.

Permettez-moi, avant de terminer, de vous dire comme à nos collègues MM. les colombophiles, que j'attends beaucoup de ce Congrès, mais à la condition qu'on s'unisse et qu'on arrête des dispositions analogues à celles que je recommandais tout à l'heure.

La difficulté des questions que vous avez à considérer et à résoudre, et l'état d'isolement et d'impuissance dans lequel chacun travaille aujourd'hui, les rend encore plus urgentes. Elles changeront la face de vos études. Vous serez récompensés de l'acceptation de cette discipline toute volontaire par le sentiment de travailler plus efficacement à la solution des questions les plus belles et les plus fécondes, que l'homme se soit jamais proposées.

Trois cents sociétés colombophiles se trouvaient représentées au congrès de 1889.

Suivaient les séances :

Ministère de la Guerre Français.

Génie Militaire, Paris. — M. le capitaine Cayatte.
Télégraphie Militaire de Paris, M. Laurent.

Etranger.

Fédération Intra-Muros, Verviers (Belgique). — MM. Randaxhe et Leclair.
Fédération Extra-Muros, Anvers. — M. Gesquière
La *Colombe Messagère*, Reggio Emilio (Italie). — M. le marquis Girolamo Trevisano.
Fédération colombophile de Florence (Italie). — M. Geoffroy de Saint-Hilaire et M. le comte de La Perre de Roo.
La *Colombophilie* de Barcelone (Espagne). — M. le docteur Diego della Llave.
Fédération Of Flyings Clubs, Manchester (Angleterre).—M Garlick.
Fédération colombophile, Verviers (Belgique). — MM. Domkem, Hansenne et Dardenne.

Représentants officiels des Gouvernements Etrangers.

Danemarck — Section Militaire Colombophile, Copenhague. — M. le lieutenant-colonel Holboll.
Espagne. — Royale Académie de Madrid — MM Fernandez et Marco Gimenez
Royaume d'Hawaï. — M. Houlé.
Brésil. — M. le chef d'escradron Portilho Bentès
Mexique. — MM. Rodriguès Valdès, Joaquin Beltram et Francisco Garcia

Journaux colombophiles représentés par leurs Directeurs.

France. — La *Revue colombophile*, la *France colombophile et Aérostatique*.
Etranger. — L'*Épervier*, le *Martinet*, Bruxelles; le *Petit journal colombophile*, l'*Estafette*, Liège; le *Reisduif*, Gand; le *Duivenvriend*, Anvers; le *Pigeon voyageur*, Charleroi; l'*Homing New*, Manchester, et le *Giornale dei Pollicultori*, Fermo.

Ainsi que le disait M. Derouard, l'honorable Président de la Fédération de la Seine, dans la séance préparatoire du

31 juillet, tous les colombophiles avaient éprouvé le besoin de s'entendre sur les graves questions de transport, de réduction des tarifs de transport, du convoyage ; il en sortit le projet d'une Fédération Française dont les statuts ont été publiés et qui a son siège à Paris.

Nous formons des vœux pour que les Sociétés colombophiles, comprenant la nécessité de centraliser leurs efforts, adhèrent en masse à la Fédération des Sociétés colombophiles de France.

D'intéressantes questions furent traitées au Congrès (1). Si l'avenir tient en suspens certaines améliorations réclamées, il est du moins un résultat acquis dont peut se féliciter la colombophilie, c'est qu'elle a pu réunir pour la première fois dans la capitale les membres épars de la grande famille colombophile, et qu'à l'heure actuelle elle est groupée et ralliée. Cette union sera sa force, si elle est mise à profit.

Il nous resterait à examiner l'organisation du sport colombophile dans le Nord et le Midi de la France. Ces renseignements particuliers, assez importants pour composer un second volume, sortiraient de notre cadre et noieraient dans les détails la question principale à laquelle nous nous sommes attaché.

Nous n'aborderons pas davantage l'intéressante question des progrès réalisés depuis quinze ans : ce sujet nous mènerait trop loin.

Ne quittant pas les grandes lignes de notre ouvrage, nous constaterons que le sport colombophile Français est actuellement admirablement organisé, et qu'il a été le promoteur des progrès les plus importants.

Le lecteur, qui a bien voulu nous suivre, a parcouru toutes les étapes de la colombophilie à travers les âges.

---

(1) Lire le rapport général du Congrès. Prix : 2 fr. — En vente aux bureaux de la *Revue colombophile.*

L'emploi du pigeon-voyageur n'a jamais disparu du globe ; l'usage en a été plus ou moins vivace, suivant que les peuples et les armées eurent besoin d'y recourir. Pendant des siècles, il flotte sans être submergé ; c'est le XIXe siècle qui lui aura donné toute l'importance d'une question capitale au point de vue de la défense des peuples.

Ce ne sont pourtant pas les moyens de communication et de correspondance qui nous font défaut.

Nos express dévorent l'espace : le télégraphe, le téléphone, la télégraphie optique ont jeté sur la tactique des armées un jour absolument nouveau. L'aérostation poursuit ses recherches avec opiniâtreté, mais le seul ballon dirigeable n'est encore que le pigeon-voyageur.

Les chemins de fer ont supplanté les malles-poste d'autrefois et leurs joyeux postillons ; le gaz a détruit les réverbères ; il fléchit lui-même sous les assauts de la lumière électrique ; les télégraphes aériens sont des momies dont se rient les télégraphes électriques : voici qu'eux-mêmes se voient détrônés par le téléphone. Seul, le pigeon-voyageur reste ce qu'il était aux premiers âges, sans qu'on ait pu le remplacer et l'abandonner.

Ainsi que l'affirmait, il y a quelques jours, le général de Puymorin, le pigeon est supérieur, dans bien des circonstances, aux dernières découvertes et aux plus grands efforts de l'esprit humain.

« Dans les régions aux cîmes escarpées, aux vallées profondes, la cavalerie ne pourra pas accomplir ses grandes chevauchées d'éclaireurs et de postes de correspondance ; le vélocipédiste rapide sera impuissant à se mouvoir sur les pentes abruptes ; le télégraphe de campagne éprouvera des difficultés sans nombre à dérouler ses fils sur les sentiers étroits et raides ; le télégraphe optique lui-même sera gêné par les brouillards généralement bas qui règnent dans la montagne.

« Le pigeon, seul, dans son vol rapide, en s'élevant au-dessus des cîmes et des brouillards, apportera dans son colombier des nouvelles de l'apparition de l'ennemi, des demandes de munitions, de vivres, de transports de secours pour les blessés. Des colombiers en nombre suffisant, établis sur des points bien choisis, réduiront à néant les difficultés du sol, et rendront possibles les communications et le service de correspondance. »

Voilà pourquoi le gracieux oiseau qu'ont chanté tous les poètes, depuis Homère jusqu'à Bérenger, reste un messager que les armées tiennent précieusement en réserve.

TROISIÈME PARTIE

LE PIGEON-VOYAGEUR EN AFRIQUE

Nécessité fait loi. — Comment il faut installer les pigeons et leurs colombiers en Afrique. — La surveillance. — Plan d'entraînements pour les colombiers civils. — Postes militaires; leur répartition. — Stations, distances kilométriques à vol d'oiseau et durée moyenne des trajets. — Importance des observations météorologiques.

Évidemment, en utilisant le pigeon messager pour aider à la destruction de ses semblables, l'homme n'obéit pas aux desseins du Créateur. Mais à quoi bon se récrier ?

Par sa douceur et sa fidélité, la colombe méritait de plus agréables destinées. On conçoit cependant que la nécessité, dans certaines situations critiques, ait fait loi. L'homme attaqué a dû se défendre, sans avoir souvent le choix des moyens. Séparé des siens, désireux de leur adresser des nouvelles ou d'en recevoir d'eux, il n'a trouvé de meilleur moyen, pour y arriver, que d'échanger à travers l'espace, ces facteurs fidèles, que l'ennemi ne pouvait atteindre.

En dehors de ce rôle, il en est un, bien plus immédiat, que l'humanité peut lui imposer dans les pays moins favorisés que le nôtre sous le rapport des communications de tous genres.

Nous n'en voulons pour preuve que l'établissement de ces postes aériennes si bien organisées au Xe siècle chez les peuples orientaux, qui avaient très bien compris ses avantages, au point de vue de la civilisation.

Nous avons insisté, dans l'introduction de ce livre, sur la nécessité de garnir nos côtes Africaines de colombiers militaires et civils, afin de parer à toutes les éventualités de la guerre et de les mettre au service des nobles intelligences qui travaillent là-bas au bien-être de peuplades deshéritées.

Il nous reste à indiquer la marche à suivre pour obtenir au plus tôt d'excellents résultats.

Supposons d'abord qu'il s'agisse d'installations particulières.

Il ne faudrait pas importer du premier coup en Afrique de jeunes pigeons. Chaque amateur se procurerait 10 couples de reproducteurs de race anversoise.

Nous opinons pour cette race, parce qu'elle a, sur des parcours moyens, plus de résistance et de vitesse, et que par sa forte constitution elle donne moins de prise aux fatigues et à la maladie.

Ces 10 couples seraient distribués dans des volières séparées, afin d'éviter de tout perdre si quelqu'épidémie venait à se déclarer parmi les expatriés.

On mettrait à leur disposition des graines variées, de l'eau à discrétion, afin qu'ils trouvent tous les adoucissements possibles à leur captivité. Nous donnons dans le Traité qui suit la méthode à suivre pour élever avec des pigeons captifs.

On les mettra surtout hors d'atteinte des rongeurs et des chats.

Une fois les pigeonneaux à point d'être séparés de leurs nourriciers et de se suffire à eux-mêmes, on les installera dans un colombier assez élevé, dont la sortie sera dirigée vers le point de l'horizon d'où viendra le plus de fraîcheur, le moins de pluie et d'humidité.

Une surveillance des plus actives s'imposera à l'amateur colombophile. A la moindre affection, le pigeon devra disparaître momentanément du pigeonnier, pour conjurer toute contagion. Le nettoyage sera de rigueur chaque jour, car la la chaleur, dans un colombier mal tenu, développerait à coup sûr de redoutables épidémies.

Pour les amateurs particuliers, les entraînements se feraient d'Alger dans la direction Sud-Ouest, par le chemin de fer qui conduit à Oran.

Ceux de Constantine sur la ligne ferrée qui mène à Alger

Ceux de Philippeville sur le chemin de fer qui passe par Constantine.

Ceux de Tunis par la voie ferrée qui mène à Bône.

Alger n'irait pas plus loin, la première année, que Blida (40 kil.), Miliana (95 kil.), la seconde elle atteindrait Orléans-Ville (170 kil.), et Oran (360 kil.)

Constantine prendrait comme première étape Ouled-Rahmoun, puis Sétif (110 kil.) pour atteindre Alger (325 kil.) la seconde année.

Philippeville ferait un premier voyage sur Smendou (40 kil.) et un second sur Constantine à 70 kil. et s'efforcerait d'arriver à Batna (165 kil.) la première année pour atteindre Biskra (260 kil.) à la seconde année.

Tunis enfin réglerait ses étapes d'après la même méthode pour faire Bône (210 kil.) la deuxième année.

Nous n'avons certainement pas la prétention d'arrêter d'une manière définitive et absolue ce plan d'entraînement. C'est sur place qu'il faut en juger.

Nous fixons des jalons, qu'on déplacera suivant ses facilités ou ses besoins, en se basant sur les résultats obtenus dès les premiers entraînements, mais qui n'en sont pas moins les indications précieuses d'une longue expérimentation des forces du pigeon

Les lâchers devront toujours s'opérer de grand matin, le soleil est moins brûlant et le vent moins violent. La nuit rafraîchit l'atmosphère ; son humidité pèse sur la poussière et les sables.

Les colombiers resteront fermés pendant les heures de sieste durant lesquelles l'Africain ne peut sortir sans danger ; on y tiendra toujours à la disposition des pigeons des baquets remplis d'eau qui absorberont en partie la chaleur intérieure et dans lesquels les pigeons se baigneront avec délices.

Quant aux autorités, si elles se décidaient à installer des postes de pigeons-messagers, voici, suivant nous, comment elles devraient les répartir.

Tunis, poste centrale pour la Tunisie, communiquerait avec des pigeonniers établis à *Kef* (150 k.), *Sousse* (120 k.), *Kelibia* (83 k.), *Bizerte* (60 k.) et *Aïn Drahan* (130 k.)

Le département de Constantine serait garni, sur les côtes, de trois colombiers : Bône, Philippeville et Bougie et en seconde ligne de trois postes : Guelma, Constantine et Setif.

Dans la province d'Alger, sur la côte, Alger et Tenès ; dans l'intérieur, Aumale, Médéa et Orléansville.

Enfin, dans la province d'Oran, nous choisirions Oran, Tlemcen et Mascara.

L'ensemble de ces stations, éloignées l'une de l'autre de 75 kilomètres au moins et de 200 au plus, présenterait un immense réseau dont les colombiers correspondraient facilement entr'eux.

En temps de guerre ou de blocus, les pigeons de première ligne, c'est-à-dire de Bone, Philippeville, Bougie, Alger, Tenès et Oran seraient emportés par nos escadres et lâchés suivant les nécessités de la guerre. Ceux de Guelma, Constantine, Sétif, Aumale, Médéa, Orléansville, Mascara et Tlemcen, prendraient leur place et, en quelques heures, une nouvelle importante, un ordre, une demande de secours, seraient portés à la même heure sur une étendue de 900 kilomètres.

Afin que le lecteur se rende un compte exact de ce plan et puisse apprécier sans calculs la durée du trajet d'un poste à l'autre, calculée sur une vitesse moyenne de 1.000 mètres à la minute, nous donnons à la fin de cette 3e partie une carte d'après laquelle il pourra juger de la rapidité avec laquelle les pigeons-voyageurs transporteraient leurs dépêches entre les postes du réseau nord de l'Afrique.

Non seulement les colombiers de la côte devraient assurer les communications avec l'intérieur, il faudrait encore qu'avec l'appui de notre marine militaire ou marchande, ils soient autorisés, ce qui leur est acquis d'avance, à faire des entraînements suivis et bien combinés sur la Méditerranée jusqu'à hauteur des Iles Baléares et de la Sardaigne.

Après deux années d'entraînements intelligemment conduits, les pigeons pourraient être lâchés à mi-chemin de France.

Aux gardiens des postes militaires ainsi qu'aux amateurs

particuliers, nous recommandons de suivre les conseils renfermés dans notre traité pratique d'élevage. Ils y trouveront de bons procédés, qui leur assureront un succès certain, après les inévitables épreuves des débuts.

Ils observeront beaucoup afin de bien se guider.

Nous les engageons à noter toutes les observations consignées dans les rapports des stations météorologiques qui sont actuellement très bien installées en Algérie et dans la Régence.

La température, le régime des pluies, les vents, l'état du ciel, tout est à consulter. Il faut être sur place pour en juger et nous n'aurons pas la témérité de leur donner quelqu'enseignement sous ce rapport.

Nous avons sous les yeux le *Journal officiel Tunisien* du 3 avril 1890, nous y lisons des rapports détaillés et très consciencieux que nous signalons à l'attention des intéressés.

Le marin ne doit pas seulement connaître son navire et le diriger, il faut qu'il étudie l'immensité des mers qu'il sillonne ; de même, il est indispensable que le colombophile connaisse, non seulement son pigeon, mais aussi les contrées qu'il est appelé à parcourir.

Honneur à ceux qui, les premiers, défricheront le terrain !

C'est pour leur venir en aide que nous avons réuni, dans la quatrième partie de cet ouvrage, toutes les notions nécessaires à ceux qui débutent dans l'art colombophile, persuadé qu'ils arriveront rapidement et sûrement au succès, s'ils s'appliquent à suivre les conseils que nous y avons condensés.

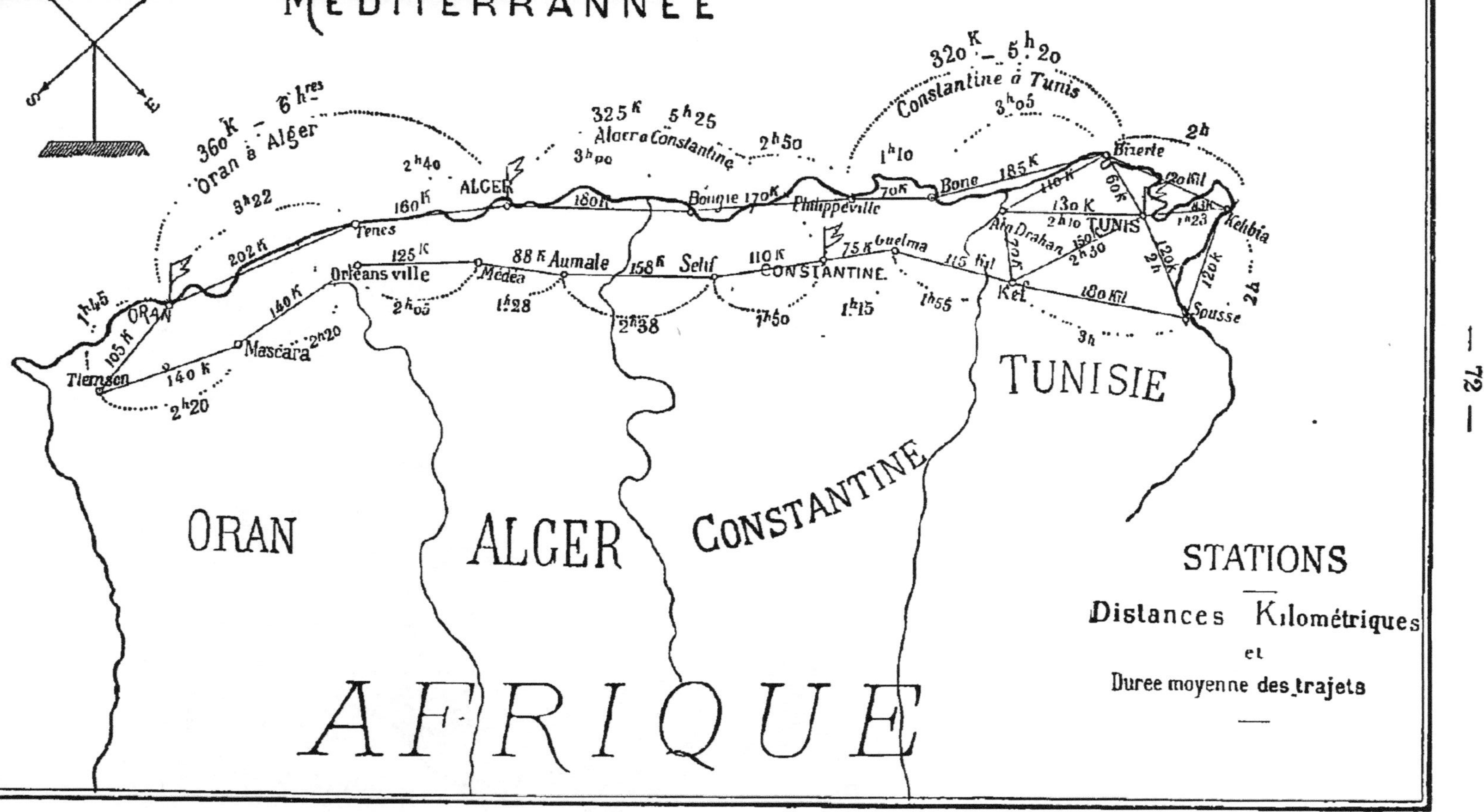
MÉDITERRANNÉE
S
E
360 K — 6 hres
Oran à Alger
3h22
202 K
160 K
2h40
ALGER
325 K   5h25
Alger a Constantine
3h00
2h50
1h10
320 K — 5h20
Constantine à Tunis
3h05
2h
180 K
Bougie 170K
Philippeville
70 K
Bone 185 K
110 K
Bizerte
60 K
120 Kil
4h
1h23
TUNIS
130 K
2h10
Kelibia
2h
120 K
120 k
2h
Sousse
3h
180 Kil
Kef
115 Kil
Ain Drahan
150
2h30
Tenes
Oran
1h45
105 K
Tlemsen
140 k
2h20
Mascara 2h20
Orléans ville
125 K
2h05
Médéa
1h28
88 K Aumale
158 K Setif
2h38
110 K
CONSTANTINE
75 K Guelma
1h50
1h15
1h55
ORAN
ALGER
CONSTANTINE
TUNISIE
AFRIQUE
STATIONS
Distances Kilométriques
et
Durée moyenne des trajets

QUATRIÈME PARTIE

TRAITÉ PRATIQUE D'ÉLEVAGE

CHAPITRE Iᵉʳ.

Les types, les races et les reproducteurs.

A quelles formes extérieures doit-on s'arrêter pour choisir des pigeons-voyageurs ?

Mâle.

Afin de guider le lecteur, nous mettons sous ses yeux deux types : le mâle et la femelle, afin qu'il recherche leurs qualités. de conformation. Evidemment, on peut rencontrer d'excellents sujets qui s'en éloignent, mais ces exceptions ne font que confirmer la règle.

Femelle.

La tête ronde, formant une courbe gracieuse ; le bec moyen bien recouvert, les yeux vifs, les paupières fines, blanches ou foncées, encadrant bien l'œil, le cou sans disproportions, la poitrine large, le corps bien ramassé, les ailes courtes et nerveuses sur des épaules solides, le plumage serré, les grandes pennes recouvrant le croupion, la queue étroite et serrée ; bien planté, ni trop haut ni trop bas sur pattes, telles sont les qualités d'ensemble d'un bon pigeon-voyageur.

La femelle a la tête légèrement plate, ses formes sont moins accusées que chez le mâle ; sa tournure est plus gracieuse.

La femelle voyage aussi bien que le mâle, et parfois mieux.

Ce fut une femelle, appartenant à M. Rey, de Bruxelles, qui remporta le 1er prix de Rome en 1888. Ce fut également une femelle qui revint à Tourcoing victorieuse du concours de -Madrid. Son propriétaire, M. Delvoye, nous a garanti qu'il n'avait jamais eu de meilleur pigeon.

Les bonnes femelles sont très rares, écrit M. Gigot, mais lorsqu'on en possede une, aucun mâle ne peut lui être comparé.

Le tout est de la mettre en route au moment psychologique.

Les débutants feront bien de ne pas s'écarter de ces types : leur goût se formera et ils en arriveront, après s'être dirigés eux-mêmes, à guider ceux qui les suivront dans la carrière colombophile.

Deux races de pigeons-voyageurs se disputent les suffrages des colombophiles : *le Liégeois*, pigeon de longs cours, très tenace, aux formes mignonnes, le bec court, l'œil très vif, aux contours très fins ; l'*Anversois*, de grande taille, le bec fort, la tête grosse, les morilles très développées, fournissant la première année son maximum de vitesse.

Le choix des pigeons reproducteurs qu'on veut accoupler ensemble doit être l'objet de soins éclairés. La règle générale veut que l'on oppose une qualité à une imperfection.

Si, par exemple, on possède une belle femelle ayant la tête trop forte, on l'accouplera avec un mâle ayant au contraire la tête très fine, en vue de corriger le défaut de la femelle par la perfection du mâle. Il faut donc combattre toujours les défauts de l'un des conjoints par les qualités de l'autre, et vice versa.

Pour accoupler les pigeons avec intelligence, il faut posséder beaucoup de tact, une longue expérience, une connaissance parfaite des types et des caractères propres des races qu'on élève ; il faut connaître la généalogie des pigeons qu'on accouple, pour agir avec sûreté. Si l'on ignore la provenance des oiseaux reproducteurs dont on dispose, on se ménage bien des déceptions et des mécomptes.

Il en est des pigeons comme de tous les animaux; il faut que les oiseaux reproducteurs soient de bonne descendance, avant tout, vigoureux et bien conformés. On éliminera de la reproduction les impotents, les débiles, les mal bâtis, ceux qui n'ont pas atteint la taille ordinaire des oiseaux de leur race et qui sont de provenance obscure ; car un sujet n'est quelquefois de race pure qu'en apparence, et les oiseaux qui ne doivent leur beauté qu'au hasard, reproduisent toujours très mal.

Si l'on possède un beau type auquel on désire ramener tout son colombier, une femelle par exemple, d'un grand cachet de distinction et de formes élégantes, il faut rechercher dans le mâle avec lequel on veut l'accoupler, autant que possible la parité des formes et des aptitudes qui assure la reproduction de sujets exactement semblables aux parents ; tandis que les pigeons issus de parents opposés de formes et unis sans contrôle, ont généralement peu de qualités et beaucoup de défauts.

Les pigeons sont dans la plénitude de leur vigueur et de leur puissance génératrice de deux à six ans et quelquefois plus longtemps ; mais, le plus ordinairement, à partir de l'âge de six ans ils déclinent et leurs produits sont moins parfaits.

Certains pigeons conservent cependant, durant de longues années, une vigueur exceptionnelle. M. Pletinckx de Bruxelles a engagé, cette année même, au concours de Bilbao un pigeon âgé de vingt ans, qui a couronné par un prix sa longue carrière. Ce fait est affirmé par le journal *Le Martinet*.

On voit aussi des producteurs de dix à douze ans retrouver auprès de jeunes femelles leur ardeur des premiers jours, et donner d'excellents jeunes.

La beauté et la perfection des produits dépendent absolument de l'application des règles que nous venons de tracer, du tact de l'amateur et de ses connaissances des caractères propres aux races qu'il cultive.

CHAPITRE II.

Les Croisements.

Les croisements, qui ont pour but, dit Chapuis, de remédier à un défaut déterminé ou d'en prévenir le développement, ont une importance capitale, et pour ne pas reculer dans la voie du progrès, il y a une marche à suivre, des règles générales à observer ; elles ne sont pas mathématiques, car on peut y déroger dans beaucoup de circonstances selon le but qu'on veut atteindre et les besoins d'un pigeonnier.

Les notions que nous allons indiquer sont connues des anciens colombophiles ; mais elles pourront guider ceux qui débutent et c'est principalement à eux que nous nous adressons, heureux de pouvoir leur être de quelqu'utilité.

Nous cherchons par les croisements à conserver et développer les qualités de nos messagers, c'est-à-dire l'instinct et la force, et pour cela, il faut avoir égard à la vitalité des plumes, à la vigueur des ailes, à l'âge des producteurs et surtout à l'instinct et à la force de ceux qu'on destine à la reproduction.

D'abord, en principe, les plumes foncées, de quelque nuance qu'elles soient, sont celles qu'on doit préférer ; aussi l'amateur doit-il chercher à ne pas dégénérer sur ce point

Il est préférable d'accoupler un écaillé noir ou roux avec des fauves pâles, des bariolés avec des nuances pleines et fortes, des bleus pâles avec des rouges ; de cette façon, on évitera des dégénérescences comme les blancs, les argentés, les fauves clairs. On a pu remarquer, en effet, que les pigeons de cette catégorie, à la fin de l'hiver, avaient de grandes pennes dont le duvet s'usait aux extrémités, ce qui est un défaut.

Il y a aussi dans l'espèce des sujets bien garnis de plumes (on dit alors qu'ils sont bien plumés) comme il y en a d'autres qui le sont moins ; on pourra donc les croiser entr'eux pour assurer à leur progéniture cette qualité que l'on doit toujours rechercher ; et à ce point de vue il est bon de ne pas trop longtemps élever avec des pigeons captifs, car la plume devient moins abondante et plus cassante. Il faut, après un certain temps, chercher à aduire ses captifs, c'est essentiel, car les producteurs ont besoin d'exercice et de grand air.

Il y a dans les nuances pâles, comme les fauves, des sujets mouchetés de noir ou de gris ; c'est un indice de vigueur que l'on ne saurait trop rechercher. Le fait est particulier aux mâles, car on ne voit jamais de femelles mouchetées sinon en jaune.

Si l'on trouve dans les pigeons-voyageurs des sujets dont les ailes sont vigoureuses, on en rencontre également qui sont molles. On peut être aussi satisfait des uns que des autres ; mais il est bon, dans les croisements, d'y avoir égard et de les alterner.

L'âge des producteurs mérite aussi une grande attention. Le pigeon de deux à quatre ans est dans sa période maxima de vigueur, c'est pourquoi on doit élever avec des sujets de cet âge. Si l'on croise avec des sujets trop âgés ou trop jeunes, on court au-devant de quelques inconvénients. Des producteurs trop âgés donnent des élèves tardifs à acquérir la force dont ils sont susceptibles et généralement les colombophiles pensent qu'ils perdent de vitesse. Les élèves, au contraire, provenant de parents trop jeunes ne deviennent jamais aussi forts et n'acquièrent pas cette qualité qu'on appelle le fonds ; cependant ils peuvent développer plus de vitesse sur de petites distances.

Il arrive quelquefois que dans une vente publique, on se rend acquéreur d'un très vieux pigeon qui a obtenu de grands succès. Dans ce cas, il faudra lui donner une jeune femelle pour balancer les âges et vice versa quand c'est la femelle qui est très âgée.

Il est bon aussi de ne pas conserver trop longtemps les mêmes croisements, car après quelques années les résultats deviennent de moins en moins satisfaisants.

Il est bon de rechercher des producteurs irréprochables de vigueur et de force, et ce serait verser dans l'erreur que d'élever avec des rebuts de grande race, à moins d'y être forcé, pour conserver ou acquérir un sang dont on a absolument besoin, et dans ce cas, il faudra se servir des élèves sains et vigoureux pour produire ensuite.

Je crois utile de développer les mots force et vigueur. Certains amateurs, désireux de posséder des sujets forts et vigoureux, tendent dans leurs croisements à toujours augmenter en poids et en volume. Là ne résident pas la force et la vigueur ; l'excès est un signe de faiblesse et cache souvent un défaut. Il faut éviter également de tomber dans l'excès contraire. L'essentiel est de posséder des sujets de formes moyennes, car, c'est dans les pigeons ainsi proportionnés qu'on peut presque toujours classer les lauréats de nos grands concours.

Les types originaux qui nous ont donné la belle race du pigeon-voyageur belge, présentent des caractères qui, avec le progrès, tendent à se perdre ; nous voulons parler des morilles, des caroncules nasales, de la longueur des ailes du messager anglais, de la blancheur de l'œil, du jabot, etc..... Dans les croisements, il faut chercher à les faire disparaître pour arriver à la perfection ; et dans ce but il ne faut pas accoupler deux pigeons qui doivent, selon toute apparence, les développer encore. Cependant ces caractères ne sont pas essentiels, car on rencontre des types assez primordiaux en apparence qui sont merveilleusement doués des qualités requises pour voyager ; ce que nous en disons a simplement trait à la généralité Les amateurs croiseront, par exemple, des pigeons à longues ailes avec d'autres à courtes ailes, des yeux très blancs avec des yeux foncés.

Au point de vue de quelques amateurs exclusifs, les yeux blancs ne sont généralement pas aussi bons que les yeux foncés. Ce n'est pas toujours vrai ; on rencontre. d'excellents pigeons aux yeux blancs, et si, dans les concours, il y a peu de lauréats parmi ces derniers, qu'on observe bien qu'ils concourent en plus petit nombre.

Certains amateurs s'attachent trop facilement à des caractères secondaires et leur attribuent une importance qu'ils ne méritent pas ; nous allons en mentionner quelques-uns.

L'iris du pigeon-voyageur est régulièrement coloré, et pour quelques colombophiles, plus un pigeon présentera d'irrégularité dans cette partie de l'œil, plus sa race aura de valeur, et partant plus il aura de chance pour ses croisements.

Le principe de cette thèse n'est pas dénué de raison apparente, car on a pu remarquer que chez tous les pigeons non voyageurs et dits *communs*, l'iris présente toujours une teinte d'une régularité rigoureuse.

D'autres attachent une grande importance à la mobilité de la pupille selon qu'on fait passer le pigeon du grand jour à l'obscurité relative. Si le pigeon a la pupille très mobile, le fait tient évidemment à une certaine vitalité du rayon visuel.

D'autres encore font grand fracas de la forme et de la couleur de la membrane qui entoure l'œil, et pour eux un pigeon provient d'excellente race quand cette membrane, développée en forme de cercle sur le devant de l'œil, est coupée presque diamétralement par derrière.

Pour d'autres, un pigeon qui possède une membrane noire ou blanche comme lait est encore excellent.

Si l'on peut faire une observation relativement à cette membrane, c'est qu'il faut, autant que possible, élaguer tous les sujets qui ont des membranes roses ou rouges. Ces pigeons peuvent être bons, ce qui est rare, mais après de grandes fatigues, l'organe visuel devient enflammé et met obstacle à la poursuite des voyages.

En résumé, ce qu'il faut rechercher pour les voyages, ce sont les sujets qui ont fait leurs preuves dans les concours, et le grand point pour le débutant est de savoir sacrifier impitoyablement, après des épreuves sérieuses, tous les sujets qui ne marchent pas régulièrement bien.

Il est bon de ne pas non plus fonder ses espérances exclusives sur des pigeons achetés en vente publique, ou offerts par des amis, au point de négliger ses autres croisements, car on est souvent déçu.

Il faut, pour fonder un pigeonnier, être prudent, circonspect et surtout patient.

CHAPITRE III.

Les accouplements.

Le croisement est le mélange des races ; l'accouplement n'est que l'union des sexes.

Pour l'amateur expérimenté, la question des accouplements est simple ; il connaît les états de service et la valeur de ses sujets, les véritables notions de l'élevage, les mille soins dont il faut l'entourer. Une chose qu'on connaît à fond paraît toujours facile.

Il n'en est pas de même des amateurs isolés, éloignés des centres colombophiles et qui n'ont personne pour les guider dans la bonne voie.

Nous allons supposer un amateur absolument neuf et franchir avec lui toutes les étapes de la science colombophile.

Il devra d'abord songer à l'installation du pigeonnier. Nous n'entrerons pas dans des détails superflus, et nous contenterons d'indiquer brièvement les meilleures conditions d'exposition et d'aménagement intérieur.

D'abord choisir autant que possible l'exposition au Sud pour éviter les atteintes du vent du Nord.

Le plein Sud a l'inconvénient d'amener la pluie dans le pigeonnier : prenons le Sud-Est, ce sera parfait.

Comme trappe, le plus de simplicité possible. Il n'y a pas de trappe-type arrêtée. Jusqu'ici les amateurs se sont copiés ou ont imaginé des systèmes à leur fantaisie. Nous ne saurions trop recommander la simplicité, qui est bien souvent la commodité, car on s'éloigne du but qu'on poursuit en surchargeant une trappe de bascules. Que désire-t-on ? faciliter au pigeon l'entrée et la sortie du pigeonnier, de manière que ce ne soit pas pour lui toute une complication, et qu'il ne s'arrête pas devant un attirail bien inutile. C'est surtout en temps de concours que le rôle d'une bonne trappe est important. Il est certain que si le pigeon peut, en tombant sur la planche extérieure, apercevoir sa compagne, ses petits, son nid, sa nourriture, il plongera dans le pigeonnier sans perdre une seconde. On n'aura plus besoin de siffler, de lâcher le mâle si c'est une femelle, et la femelle si c'est un mâle, pour l'engager à ne pas faire le toit. Il faudra qu'en plus de cela il n'ait pas devant lui d'obstacles à franchir. Nous figurons ici une trappe aussi commode que simple et peu coûteuse. Avec deux planches, nous bâtissons cette trappe.

En voici la figure :

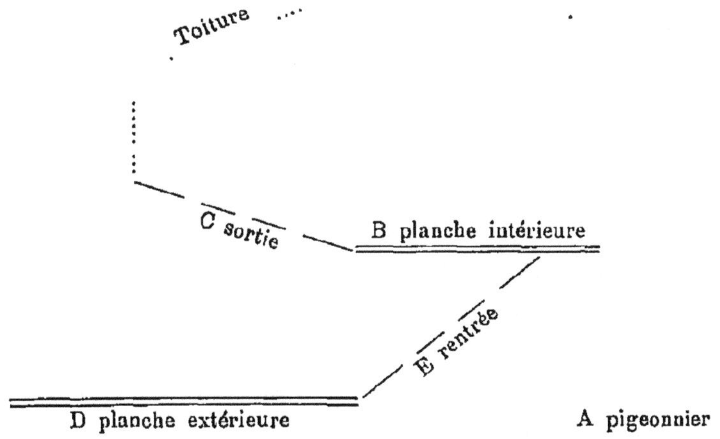

A, le pigeonnier.

B, une planche intérieure et sur laquelle volent les pigeons pour sortir.

C, une sortie qui permettra au pigeon de se laisser tomber sur la planche extérieure, mais par où il lui est impossible de rentrer.

D, la planche extérieure où reposeront et tomberont les pigeons.

E, une rentrée dont les ouvertures sont ménagées de manière à ce que le pigeon n'ait qu'à plonger dans le pigeonnier.

Nos lecteurs ont déjà saisi le manège.

Du pigeonnier, le pigeon vole sur la planche B. Pour sortir, il se laisse tomber à travers C, sur la planche extérieure D. De là, il découvre tout son pigeonnier et si l'idée lui prend d'y descendre, il passe à travers E.

Il est obligé d'exécuter tous ces mouvements qu'il saisit d'ailleurs du premier coup.

Il ne pourra, par exemple, sortir par la rentrée E car, les ailes ouvertes, il lui sera de toute impossibilité d'y passer.

Il ne tentera pas davantage de rentrer par la sortie C, et pour les mêmes motifs.

Supposons que vous vouliez empêcher le pigeon de sortir, il vous suffira d'intercepter toute communication entre le pigeonnier A et la planche extérieure B, au moyen d'une petite planchette et vous serez tranquille.

Et voilà tout le système !

C'est très simple, mais c'est excellent et pratique.

De chaque côté du colombier, des cases superposées : ces cases, bien aérées, auront 60 centimètres de largeur, 30 cent. de hauteur et 30 de profondeur, elles devront facilement contenir deux plateaux ; sur le devant, une planchette retenue par une charnière qu'il suffira de relever pour fermer la case et sur laquelle perchera le pigeon. Le devant de la case sera mobile, pour faciliter le nettoyage.

Entre les cases de droite et celles de gauche, il ne devra pas y avoir plus de 1^m50 de largeur, afin qu'on ait toute facilité de prendre les pigeons.

Une fontaine en fonte ; une pierre de sel ; du menu gravier ; du gros sable et la mangeoire qui, elle, n'est pas indispensable, car la distribution de la nourriture peut se faire sur le plancher.

Cette première installation terminée, il ne s'agit plus que de garnir de pigeons le colombier bien aménagé.

Le jeune amateur se trouve embarrassé.

Ou on lui offrira des pigeons ; ou il achètera des producteurs qui devront reproduire en captivité ; ou il fera l'acquisition de jeunes au cri du nid qu'il aura la satisfaction de voir s'ébattre à l'extérieur après quelques jours de présence au colombier.

1° Que doit-il faire si des amis lui offrent des pigeons ?

C'est le cas le plus dangereux pour lui. D'abord, certains ont la prétention de monter un colombier alors qu'ils n'ont eux-mêmes que des pigeons fort ordinaires, dont la race n'est pas fixée. Ensuite, il est tout naturel qu'ils n'offriront que les sujets auxquels ils n'attachent aucun prix. Voilà notre jeune amateur exposé à perdre son temps, son argent et finalement à se décourager.

Il devra, avant d'accepter ces cadeaux :

1° S'enquérir de la valeur de ce pigeonnier et des succès obtenus ;

2° S'informer si les pigeons qu'on lui donne ont été suffisamment éprouvés et s'ils sont rentrés dans de bonnes conditions ;

3° Demander leur provenance ou celle des couples dont ils sont issus ;

4° Mettre chaque pigeon dans un panier afin de les examiner avec attention de la tête aux pieds.

Pas de pigeon trop lourd, pas de pigeon trop petit. Il n'acceptera, pour élever, que les sujets à poitrine large, la tête bien proportionnée, à l'œil vif et intelligent, au bec moyen, avec un mince filet autour des yeux, des caroncules sans proéminence, le dos bien recouvert par les petites plumes des ailes.

Puis, les prenant en mains, il examinera la plume qui doit être brillante, large ; formant éventail avec l'aile, il faudra qu'il n'y ait pas de jour et qu'aussitôt lâchée elle se referme vivement sur le corps. De préférence, il recherchera les mâles dont les os, formant fourchette à l'anus, seront le plus serrés et rapprochés possible.

Il vérifiera si le bréchet est bien droit, si les narines ne coulent pas en les pressant, si l'intérieur du bec est net, et passant une dernière inspection, il vérifiera les plumes qui entourent l'anus : elles doivent être propres et sèches.

Notre jeune amateur pourra mettre au pigeonnier les sujets répondant à ces conditions, après leur avoir administré une légère purge au sel d'Angleterre.

En principe, il ne faut accepter qu'avec une certaine défiance ces cadeaux qui sont, neuf fois sur dix, une façon comme une autre de se débarrasser des doublures. En fait, celui-là serait bien naïf qui se dégarnirait de sa plus belle plume pour en parer son prochain.

Un homme averti en vaut deux. Jeunes colombophiles, faites-en votre profit.

2° Il arrive que pour monter son pigeonnier, on fait l'acquisition de producteurs avec lesquels il faut pratiquer l'élevage en captivité.

Notre avis est qu'après avoir exigé les qualités extérieures énumérées plus haut, cet élevage n'est pratique que pour une année et avec des reproducteurs de trois à quatre ans au plus.

C'est une grave erreur que de s'imaginer qu'il faut pour cela des vieux pigeons usés sur les voyages. Dans les grands colombiers, les producteurs ne voyagent pas ; il vaut mieux acheter cinquante francs un mâle de deux à trois ans, de première origine et dans toute sa vigueur, que de donner dix francs d'un vieux pigeon qui aura les plus beaux exploits à son actif.

Ne vous emballez donc pas et défiez-vous du mirage trompeur d'une série de concours et de succès plus ou moins authentiques.

Avec des sujets vigoureux et bien conformés, éprouvés sur quelques voyages sérieux, vous arriverez au résultat recherché, mieux et plus vite qu'avec des producteurs fatigués, que beaucoup vendent parce qu'ils n'en espèrent plus rien.

Mais l'élevage en captivité réclame une attention soutenue.

Le *pigeonnier* qui sert à tenir des producteurs doit être le plus vaste possible ; un grand grenier suffit pour cela. Il doit être parfaitement aéré et ne le sera jamais trop ; avec ces deux conditions essentielles, le pigeon pourra se donner l'exercice nécessaire pour entretenir sa vitalité. Quelquefois, des amateurs coupent les grandes pennes ou cisèlent les mêmes pennes pour les empêcher de voler. C'est un grand tort. L'oiseau captif ne possède plus la même vigueur quand il ne peut remplir sa principale fonction ; il doit pouvoir voler.

La *nourriture* des pigeons producteurs captifs demande plus de soins que celle des autres, car il leur est impossible de se fournir dans les campagnes ce que leur maître ne peut leur procurer. Ce qui réussit le mieux aux pigeons en question c'est un assemblage de toutes les graines les plus employées, tels que fèves, vesces, maïs, petit blé, orge, etc....

Il est indispensable de placer dans le pigeonnier une pierre de sel et un gâteau de terre pétri de menu gravier et de graines odorantes. Tous les naturalistes ont été unanimes pour répéter que les oiseaux, et particulièrement les gallinacés, avaient besoin de calcaires pour broyer les aliments dans le gésier. Ce qui le prouve, c'est l'habitude qu'ont les pigeons de chercher toujours sur les toits, dans les champs, les aliments en question.

Les mêmes nourritures ont encore un autre but. A titre d'éléments calcaires elles servent à la formation de la coquille des œufs chez les femelles. Donc, c'est indispensable pour les pigeons captifs.

La *reproduction* nécessite une attention plus délicate. Ici nous laisserons agir les producteurs comme s'ils étaient libres. Bon nombre d'amateurs inexpérimentés forcent les couvées pour avoir plus de rendement, c'est un grand tort; il leur est de toute impossibilité, dans ces conditions, d'obtenir de bons résultats. On possèdera beaucoup plus de jeunes, mais ils seront mous, délicats, et à la première lutte sérieuse il n'y aura plus à compter sur eux. Comment espérer des élèves sains et vigoureux quand les parents leur laissent la langueur et la mollesse en partage ?

Si on veut doubler le résultat avec un mâle en changeant de femelle, l'inconvénient disparaît; mais une femelle qu'on fait pondre à plusieurs reprises, sans discontinuer, ne tarde pas à dépérir; ses œufs sont sans écailles ou avec des écailles sans consistance.

Avec toutes les précautions voulues, les captifs ne peuvent pas élever les jeunes dans des conditions aussi avantageuses que s'ils étaient en liberté; c'est pourquoi il est bon, quand on le peut, de placer leurs œufs sous des pigeons libres, à la condition que les œufs soient pondus à la même date. Cette disposition est très pratique pourvu qu'on en fournisse d'autres à ceux auxquels on les enlève.

3° La meilleure façon de se monter un pigeonnier, la plus sûre, la moins coûteuse, c'est assurément de se procurer des jeunes pigeons au cri du nid.

Il arrive encore assez souvent qu'après la première couvée réussie, l'amateur, pour éviter l'encombrement, fait facilement cadeau d'une paire de jeunes. Si c'est un amateur sérieux, il faut les accepter et les prendre vous-même dans le nid, sans en avoir rien dit auparavant au donateur. Défiez-vous des substitutions. Il peut fort bien arriver qu'on vous fourre de la camelotte alors que vous pensez tenir la fleur du pigeonnier.

Loin de nous l'intention de déprécier les bons amateurs colombophiles, mais nous devons à la vérité de dire qu'ils ont ceci de commun avec les chasseurs et éleveurs de tous genres : en affaires, ils n'accepteraient pas un centime de plus que leur compte, mais en fait de cadeaux ils vous en feront voir de toutes les couleurs.

Obtenir ainsi dans divers bons pigeonniers quelques paires de pigeonneaux, qu'on croisera par la suite, c'est marcher dans une voie sure.

Cette méthode en a conduit plus d'un au succès.

Si vous n'habitez pas un centre colombophile où ces cadeaux soient possibles, vous avez la ressource d'acheter des pigeonneaux. Le procédé ne diffère du précédent que parce qu'il coûte plus cher. Plus cher, entendons-nous. Si à ce prix vous prenez de suite votre place, si le succès en est le résultat presqu'immédiat, nous disons que les premiers sacrifices trouvent leur compensation. Il ne faudrait pas croire que vous aurez fait une excellente affaire quand vous aurez acheté des pigeons au cours de la halle. Si c'est pour les faire voyager avec des petits pois, convoyés par un excellent verre de vin, alors oui. Mais s'il s'agit d'acquérir des sujets de race, ce n'est pas absolument la même chose.

Quelle différence faites-vous entre celui qui achète un vêtement tout confectionné à un prix au-dessous de la façon et un autre qui se taillera en plein drap d'Elbeuf un habit qu'on lui confectionnera au goût du jour ? Le premier sera déjà en loques que le second ne sera pas encore rappé.

Il n'en est pas autrement des pigeons. Du moment où vous êtes en présence d'une personne honorable, sachez mettre le prix d'un pigeon.

Tel amateur qui ne se fera pas de scrupules quand il s'agira de faire des cadeaux deviendra, en présence d'un achat, de la dernière probité.

Résumons-nous :

Si l'on vous offre des pigeons, soyez prudents.

Si vous élevez avec des producteurs captifs, que ce ne soit pas plus d'une année. Veillez à leur santé, ménagez-les comme nourriciers.

Si vous avez le choix, montez de préférence votre pigeonnier avec de jeunes pigeons, offerts ou achetés. Ce n'est pas l'affaire de tout le monde de faire de bon élevage, et si vous ne vous y entendez parfaitement, mieux vaut vous appuyer sur l'expérience d'autrui.

Nous avons dit plus haut que nous n'admettions l'élevage en captivité que durant une année. Nous avons parlé pour les trois quarts d'entre les colombophiles qui ne disposent que d'un grenier ou d'une mansarde.

Evidemment celui qui peut loger ses producteurs dans de grandes volières, bien aérées, où le pigeon prendra ses ébats et se croira pour ainsi dire en liberté, celui-là, disons-nous, arrivera à faire de bon élevage. Mais enfin il lui viendra tôt ou tard la tentation, après avoir obtenu quelques couvées, d'habituer ces pigeons à son colombier, en d'autres termes, de les *aduire*.

Nous étudierons cette question, car elle intéresse aussi ceux qui, à l'époque des accouplements, sont obligés, ayant plus de mâles que de femelles, d'acheter des femelles qu'ils ont tout avantage à aduire. Il peut arriver, mais plus rarement, qu'on manque de mâles. Ce sont alors ces Messieurs qu'il faut s'ingénier à retenir au pigeonnier.

Nous supposons que le jeune amateur pour lequel nous écrivons ces lignes ait monté son colombier l'an dernier avec de jeunes pigeons et qu'il veuille cette année aduire les producteurs retenus en volière ou sur le grenier pendant une année. Comme il s'agit d'introduire ces producteurs parmi leurs produits qui volent au pigeonnier, il aura bien soin de ne pas tomber dans la consanguinité.

Ce n'est pas que nous soyions l'adversaire de la consanguinité : il faut bien y recourir dans certains cas pour retrouver des qualités perdues dont on n'a plus au pigeonnier que de rares héritiers. Nous pensons toutefois, et notre avis est aussi celui des praticiens les plus expérimentés, que l'amateur colombophile a plus à gagner à mélanger le sang de ses pigeons qu'à demander aux sujets d'une même famille, soumis aux mêmes conditions hygiéniques, la conservation de leurs brillantes qualités.

La consanguinité, appliquée sans expérience ou amenée par le hasard, a perdu plus de colombiers qu'elle n'en a reconstitué. Ce n'est pas, en débutant, qu'il faut y songer.

S'agit-il d'aduire les femelles ? Il choisira les jeunes mâles de l'an dernier qui n'ont pas été encore accouplés, et les laissant seuls dans le compartiment de la trappe d'où il aura délogé les autres pigeons, après avoir fermé toutes les cases occupées, il lâchera les femelles qu'il aura, pendant quelque temps, séparées de leurs mâles et conséquemment fort amoureuses, appelons les choses par leur nom.

Il arrivera bien souvent que les femelles, à peine lâchées, accepteront d'emblée les politesses de leurs futurs.

Bon : la glace est rompue, le contrat signé ; voilà notre mâle qui se choisit une case. Hou ! hou ! Le voilà dans le nid : il y invite la femelle qui promène tout autour ses grâces et sa majesté.

Vous enlevez du pigeonnier les mâles et les femelles qui n'ont pas mordu à l'hameçon et vous laissez revenir à leurs cases, dans le compartiment de la trappe, les pigeons que vous aviez relégués dans le second compartiment.

Pendant un jour ou deux la trappe reste fermée ; la femelle s'habitue à sa nouvelle demeure, à ses habitants et surtout à son nouveau mari.

Attention ! voici le moment solennel ; le mâle chasse à nid, il a mis toutes voiles dehors, il poursuit sa femelle avec impétuosité.

Sur la fin du jour, par un temps couvert ou la pluie, vous faites encore une fois décamper dans votre second compartiment les pigeons accouplés, pour n'y laisser absolument que votre nouveau couple en liberté. Vous ouvrez discrètement la trappe, et puis chut ! Vous avez bien le droit de les regarder sans être vu, mais pas de bruit, du calme.

La femelle vole dans la trappe, le mâle l'y suit, la presse ; inquiète elle descend sur la planche extérieure ; le mâle continue ses obsessions. Elle se redresse, jette un rapide coup d'œil sur les environs, puis replonge dans le pigeonnier.

Recommencez le même jeu le lendemain en laissant dans le compartiment de la trappe un couple ou deux que vous avez mis à la diète et auxquels vous présenterez la nourriture quand la femelle sera sur le point de sortir ; si la femelle rentre comme la veille, c'est fini ; elle est aduite.

Si vous avez plusieurs femelles à habituer, répétez la même opération. Le succès est presque certain. Nous disons presque certain parce qu'il peut arriver qu'avec les plus grandes précautions, vous ne réussissiez pas. Un oiseau qui passera furtivement, une porte qui claquera suffisent pour que la femelle s'élance et alors le danger commence. Comme tous les colombophiles, nous avons déploré parfois la perte de jeunes femelles, achetées très cher et perdues à la première tentative d'aduction : on aduit beaucoup plus sûrement les femelles de l'année précédente qui n'ont pas été accouplées.

Si elles sortent d'un colombier de la localité, on les retrouve ; mais si elles proviennent de l'étranger, adieu ! Il se trouve tant d'amateurs qui ne se font pas scrupule de conserver le produit d'un bon pigeonnier. Bien au contraire, ils se félicitent de l'aubaine !

Il peut arriver que l'égarée, après avoir rôdé sur les toits environnants, crevant de faim et de soif revienne au colombier. N'eût-elle qu'une minute inspecté les environs qu'elle en conserve le souvenir : elle les a instantanément photographiés dans son cerveau.

Il y a quelques années, nous cédions à M. D... de Roubaix une femelle noire que nous avions achetée à Verviers. Cette femelle était accouplée et logée dans un pigeonnier d'où elle ne pouvait qu'imparfaitement examiner les environs, à travers un grillage disposé plutôt pour donner l'air aux prisonniers que dans le but de les habituer aux abords de la prison.

Huit jours plus tard, nous voyons une femelle noire qui se cramponne au grillage, cherchant tous les moyens de rentrer. Nous faisons passer les pigeons dans un compartiment voisin et enlevons le grillage. La femelle rentre : nous l'examinons et sur toutes ses pennes se trouvait le cachet de M. D.. auquel nous la renvoyâmes.

Ce fait peut paraître extraordinaire et même incroyable, car le pigeon volait à Verviers quand nous l'y avons acheté.

Nous supposions qu'il aurait, quatre-vingt-dix-neuf fois sur cent, pris le chemin de la Belgique ; mais non, il a suffi qu'il inspectât le jardin et ses abords pour revenir là où l'attendait le mâle. Que faut-il admirer de plus, ou sa fidélité ou sa mémoire ?

Il arrivera donc que vous aurez la grande satisfaction de revoir une femelle égarée, mais bien plus souvent vous ne pourrez tuer le veau gras pour fêter l'enfant prodigue.

Et que ferai-je des pigeons qui n'ont pas voulu s'accoupler de suite ? Nous y venons.

Vous prendrez vos mâles et les femelles que vous logerez, par couples, dans des appareilloirs, en ayant soin de servir le boire et le manger. Vous leur donnerez des graines un peu échauffantes, mais sans abus.

La femelle boudera peut-être quelque temps encore.

Attisez le feu et bientôt vous vous apercevrez que la pomme est entamée. Vous les passerez au colombier et prendrez, pour les premières sorties, les précautions indiquées plus haut.

Pour éviter ces embarras, certains amateurs coupent les rémiges des ailes et mettent ainsi les pigeons dans l'impossibilité de voler. Il faut attendre alors que la mue les ait regarnis, et pendant des mois vous voyez ces pauvres oiseaux sauter comme des grenouilles sur le plancher et traîner dans les coins. Au point de vue de l'élevage, cette coutume est détestable. Nous lui préférons la méthode exposée au début de ce chapitre qui est, il est vrai, plus chanceuse, mais très pratique pour un colombophile.

S'il s'agit d'habituer des mâles, il faut prendre des femelles qui volent à votre pigeonnier et procéder comme pour les femelles. Choisissez toujours le moment favorable où le mâle poursuit avec ardeur : vous le tiendrez et il n'abandonnera pas sa compagne.

S'il est jeune, vous arriverez, après l'avoir aduit, à le faire voyager, mais si les pigeons sont d'un certain âge, ne vous y frottez pas. A la première étape, ils décamperont et vous ne les reverrez plus.

A une femelle d'un certain âge, que vous cherchez à aduire, donnez de préférence un jeune mâle, très ardent.

Quand un mâle qui poursuit perd tout à coup sa femelle, il vaut mieux ne pas le laisser sortir jusqu'à ce qu'il ait pris une nouvelle compagne.

Il en est de même pour les femelles qui, dans de pareilles dispositions et non accouplées, se rendraient bien plus facilement dans un autre pigeonnier.

Retirez du pigeonnier tous les mâles non accouplés afin de laisser vos couples tranquilles. En les y laissant, vous vous exposez à voir les contrats affreusement mutilés et à ne plus vous y reconnaître dans les jeunes. Vous aurez des écaillés avec des producteurs roux, des roux avec des bleus, et les grands coupables seront précisément ceux qui, n'étant pas accouplés, continueront à butiner toutes les fleurs quand les époux légitimes auront le dos tourné.

Faisons une exception en faveur des jeunes mâles qui ne

connaissent pas encore les délices du mariage ; ils sont moins pervertis que ceux qui y ont déjà goûté.

Nous sommes amené à examiner une question délicate :

Un pigeon peut-il rester célibataire ?

A sa première année, c'est de rigueur ; il doit se développer et rien ne l'épuisera plus vite que de l'accoupler avant qu'il ne soit fait. Les jeunes colombophiles doivent se garder de laisser les pigeonneaux d'avril et mai reproduire en septembre ou octobre. Cela tombe sous le sens, car ce travers amènerait l'étiolement des parents et la décrépitude de leurs produits. Laissons donc ces jeunes de l'année s'ébattre, roucouler, faire le beau ; c'est un jeu fort innocent ; mais pas de fruit défendu !

Quand on le peut, il est bon d'avoir un pigeonnier spécial pour les jeunes. Ils sont là en famille, loin des mauvais exemples, plutôt disposés à se donner des coups de becs et des tapes d'ailes que de s'accoupler. La jeune femelle est sage comme une Vestale et nullement provocatrice.

Mais quand les jeunes pigeons vivent avec les vieux, ils sont très loin d'avoir de beaux exemples sous les yeux ; puis il arrive qu'on perd un, deux ou trois mâles dans les voyages. Leurs veuves oublient vite les absents ; moins fidèles que Calypso, elles se consolent de leur départ en acceptant les hommages de jeunes qui sont enchantés de leur facile conquête.

Et voilà comment le produit des meilleures souches est frappé de dégénérescence et de rachitisme.

Si les couples sont toujours au complet, vous évitez ces rapprochements. Dès qu'une femelle aura perdu son mâle, et n'aura ni œufs, ni jeunes, plutôt que de la laisser agir au gré de ses désirs et implanter la débauche au sein de votre petite colonie, mettez-là dans un colombier à part. C'est moins dangereux de laisser les mâles sans femelle, par la raison que les plus galants n'arriveraient pas à pervertir une jeune femelle.

A la seconde année le mâle, s'il n'a pas encore perché sur l'arbre dont les fruits lui ont été défendus, peut fort bien rester sans être accouplé. Au pays de Liège, on prétend que ce n'en est que mieux, et nous avons eu en mains des pigeons célibataires qui avaient remporté les plus brillants succès.

A sa troisième année, ce pigeon est dans toute sa force et sa splendeur. Il est un producteur d'autant plus précieux qu'il a économisé ses forces, et ses jeunes hériteront de cette vigueur.

Quant à la femelle il faut l'accoupler à sa seconde année. Le désir de la reproduction est plus vivace chez elle. Elle est à ce moment de son existence ce que Virgile exprime en deux mots : *matura viro*. Il est indispensable de lui trouver un mari.

D'aucuns, prétendant obtenir plus de vitesse, choisissent le futur dans les jeunes mâles de l'année précédente ; d'autres, en vue d'un élevage plus sérieux, accouplent une jeune femelle avec un mâle déjà d'un certain âge qui met de suite au pas sa jeune compagne, ou vice versa.

C'est affaire de goût. Retenez seulement qu'il faut accoupler un mâle le plus tard possible, et la femelle dès sa seconde année.

Pour les accouplements, prenez note que vous obtiendrez de meilleurs résultats avec une grande et belle femelle accouplée à un mâle ordinaire qu'en donnant un mâle de grande distinction à une femelle médiocre.

CHAPITRE IV.

Les pontes et l'incubation.

Vous voilà, jeune ami, pourvu de bons pigeons. Les pontes vont commencer. Gardez-vous bien d'être continuellement au milieu de vos pigeons ; c'est un travers dans lequel nous avons tous donné et qui a de grands inconvénients. Le pigeon réclame de la tranquillité, la femelle surtout.

Quoi de plus intéressant que la ponte et l'incubation ?

On trouve la chose si naturelle que c'est à peine si les plus observateurs d'entre nous lui font les honneurs, nous ne dirons pas de leur admiration, mais de leur attention.

Rien cependant n'est plus merveilleux.

Il ne manque pas d'amateurs, pratiquant depuis nombre d'années, qui croient n'avoir plus rien à apprendre et qui seraient pourtant très embarrassés si on les interrogeait sur telle ou telle question, dont ils n'ont constaté que les effets sans remonter à la cause. Il n'y a cependant de vraie science que celle qu'on raisonne.

Tout d'abord, gardons-nous de faire de l'élevage trop tôt et de devancer l'époque que la nature nous assigne.

Il suffit de quelques beaux jours au début de février, et vite on accouple les pigeons comme si l'hiver avait quitté nos régions pour faire place au printemps.

Le froid rigoureux ravagera inévitablement ces couvées prématurées. Les pigeonneaux de quelques semaines que les parents ne protègent plus la nuit sont condamnés d'avance, et plus d'un amateur imprudent paie cher son empressement en ne relevant le matin dans les nids que des pigeonneaux sans vie, raides et plus froids que le marbre.

Nous engageons beaucoup les amateurs, qui ont des jeunes assez avancés, à les installer la nuit dans une pièce de bonne température, afin de les mettre hors d'atteinte du froid qui les tuera.

Il est nécessaire, si l'on désire que le pigeon ne se dépouille pas trop vite et soit à même de figurer aux concours de Juillet-Août, de le maintenir, en ne lui prodiguant pas une nourriture qui viendra trop tôt développer chez lui de désir de la reproduction.

Vous entendez souvent en janvier des amateurs vous dire tout triomphants : « mes pigeons sont bien gais, bien en feu ! » Tant pis pour eux ! Mieux vaut les voir roucouler un peu moins, car s'ils commencent tôt, ils finissent tôt ; s'ils ne sont pas séparés, ces pigeons feront pondre leur femelle et chacun sait que plus vite un pigeon nourrit, plus vite il est dégarni.

Indépendamment de ces raisons, qui sont d'une grande valeur pour l'amateur de pigeons-voyageurs, il en est une que la nature a déterminée. Le bisot qui vit en liberté ne commence ses pontes qu'en mars. C'est à cette époque aussi que les joyeux moineaux se réfugient dans les anfractuosités de nos murs de briques et que dans la volière tout s'agite sous le souffle d'un commun désir d'espérance et de volupté.

C'est alors seulement que, si nous étions sages, nous lâcherions la bride aux amoureux après les y avoir préalablement préparés.

Du moment où l'on obtient une bonne couvée pour le milieu d'avril, c'est tout ce qu'il faut désirer. Les entraînements commencent alors, puis les concours. Adieu l'élevage, car il est impossible de le mener de front avec les voyages. Les pontes et les jeunes ne sont plus dès lors pour l'amateur colombophile qu'un moyen pour bien disposer ses pigeons à la lutte.

En accouplant en mars, il est donc facile de laisser aux pigeons tout le temps nécessaire pour mener à bonne fin leur première couvée. C'est l'essentiel. Inutile donc de commencer trop tôt : il n'y a qu'ennuis et déceptions à recueillir.

Les pigeons réunis vont s'accoupler. Les nouveaux époux qui recherchent la solitude, s'empressent de construire à l'écart et dans le coin le plus obscur, le nid de leurs amours. Toute la journée ils sont occupés à transporter paille, bois, plumes, et tout ce qui leur tombe sous le bec.

Nous renonçons à dépeindre le tableau qui se déroule à partir de ce moment. On ne lit pas ces choses-là ; il faut les voir. Tendresses, sollicitations, caresses, battements d'aile, tout est mis en œuvre. Un vif désir de reproduction les emporte tous deux, et la glace est bientôt rompue.

A l'enivrement succède, pour la femelle, un état d'abattement complet. Les ailes traînantes, chagrine, tout en elle-même, elle est comme en proie à la fièvre. Puis elle se réfugie dans son nid tout prêt, y reste une journée entière, y couche deux ou trois nuits et pond enfin le premier œuf qu'elle ne quittera qu'à de courts intervalles, de crainte qu'il ne se refroidisse. Le surlendemain elle pondra son second.

A partir de ce moment, le mâle couve de dix heures du matin à trois heures de l'après-midi et la femelle tout le reste du jour et la nuit.

La nature a limité à deux le nombre d'œufs que la femelle pond. Cependant il arrive qu'elle n'en ponde qu'un ; c'est alors ou qu'elle est trop jeune, ou que sa conformation est défectueuse. Il n'y a pas à se préoccuper du premier cas ; dans le second c'est un sujet à sacrifier.

Il arrive que la femelle, atteinte d'avalure, ne peut pondre ; il se forme alors autour de l'œuf une excroissance charnue qui s'attache aux parois des viscères, au point d'empêcher toute évacuation. Dans ce cas le pigeon est perdu.

Il n'est pas rare de voir des femelles pondre avec de grandes difficultés. Nous en avons vu passer toute une journée dans des contorsions pénibles. Il faut alors avoir recours à un amateur habile qui, en exerçant une pression graduée entre l'œuf et le sternum, aidera la nature et délivrera la pauvre bête. Mais il faut des précautions inouïes pour arriver au résultat : si on brise l'œuf dans l'intérieur du corps, la femelle est blessée pour toujours et les pontes sont compromises.

Il est bon, avant d'en arriver là, de huiler l'anus : bien souvent cette précaution suffit pour déterminer la ponte.

Tous les amateurs connaissent ce qu'on nomme les *œufs*

hardés qu'une simple membrane retient et qui tout naturellement, bien que fécondés, ne peuvent être couvés. La harde
peut provenir de l'un ou l'autre des cas suivants : ou la femelle
est privée des organes sécrétoires qui fournissent la terre cal-
caire dont la coquille est formée, ou ces organes sont obstrués
par la graisse ou quelque échauffement.

Dans ce dernier cas, l'amateur peut tenter de rétablir son
pigeon en mettant à sa disposition, ainsi que l'indique Chapuis,
du gravier, du sel et des écailles d'œufs broyées ; dans le premier, c'est une femelle sur laquelle il ne faut pas compter pour
la reproduction.

Un grand ennui ce sont les œufs non fécondés. Le mieux est
de donner à la femelle un autre mâle, car il se pourrait bien
faire que, par suite d'une incompatibilité d'organisme, deux
sujets, qui ne produisent que des œufs clairs, donneront des
œufs fécondés si on les découple pour donner au mâle une
autre femelle, et à la femelle un autre mâle.

Comme le mâle perd plus vite que la femelle sa puissance
génératrice, c'est assez souvent lui qu'il faut rendre responsable
des œufs clairs ; donnez un jeune mâle à une vieille femelle,
elle donnera de bons œufs, tandis que l'on aura beau donner la
plus gentille femelle à un vieux mâle, il restera impuissant.

Il n'est pas hors de propos de recommander la plus grande
attention, lorsqu'ayant reconnu que dans deux nids il se trouve
un œuf clair on réunit les deux œufs fécondés sous la même
couveuse. Il faut veiller à ce que l'époque de la ponte ait été
la même dans chaque nid

On n'est pas bien fixé sur le temps plus ou moins long que
des œufs peuvent se conserver propres à la reproduction. Nous
avons cependant lu quelque part qu'il était possible de conserver des œufs féconds pendant quinze jours en les enfermant
dans une boîte, sous une épaisse couche de cendres bien tami-
sées, de les recouvrir ensuite d'une autre couche épaisse et de
fermer hermétiquement la boîte, afin de garantir l'œuf du
contact de l'air.

Voilà les œufs bien en place. Dans quatre cent vingt heures
le moment de l'éclosion sera venu.

CHAPITRE V.

L'éclosion.

Avant qu'ils ne se brisent sous les coups de bec du pigeonneau, examinons encore quelques instants ces œufs que les parents ont couvés depuis trois semaines avec une admirable assiduité.

La forme de l'œuf est elliptique ; s'il était carré, la couveuse n'arriverait pas à le retourner ; s'il était absolument rond, la ponte serait un travail d'une élaboration difficile et dangereuse, pour ne pas dire impossible.

Comme la terre, l'œuf est un monde qui a ses pôles et dans lequel le pigeonneau se trouve si bien replié sur lui-même, que vous n'arriveriez jamais à l'y remettre en place, en supposant que vous puissiez l'en retirer.

Mais n'anticipons pas !

Voici le dix-septième jour arrivé !

Tout ligoté, le pigeonneau n'a de libre que la tête. La Nature a garni son bec d'un petit crochet qui lui sert de pioche et dont il frappe les portes de sa prison. Si l'œuf est béché, laissez au petit le soin d'achever son œuvre. Il y sue, soyez-en certain ; on n'a rien sans peine dans ce bas monde ; notre premier cri n'est-il pas une plainte ? il en est du pigeonneau comme de nous.

Aussi déploie-t-il dans son travail toute l'énergie de sa faiblesse. Il arrive que ses forces le trahissent ; il faut alors le secourir. Prenez une pièce de cent sous dont vous appuierez la circonférence sur la boursouflure formée à la ligne médiane de l'œuf. Cela fait, remettez l'œuf dans son plateau et quelques heures plus tard le prisonnier se délivrera de lui-même.

Surtout prenez bien garde de vouloir le débarrasser entièrement. Neuf fois sur dix, il se produira dans cette dangereuse opération des déchirures qui amèneront une perte de sang ; c'est l'arrêt de mort du jeune pigeon.

Enfin, il ne reste des œufs que des écailles sèches ; les petits sont venus : ils respirent maintenant à pleins poumons.

C'est la faiblesse même ; à peine ont-ils la force de jeter la tête de droite et de gauche. Le mieux est encore de n'y pas toucher. De jeunes amateurs ont la manie d'aller visiter et manipuler les couvées ; l'un d'eux nous disait dernièrement avoir fait visite à son pigeonnier, le soir, une lanterne à la main. Il prend la mère qui couvrait les petits ; elle s'échappe, et ne retrouve plus son nid ; le lendemain les jeunes avaient vécu.

Il faut certainement passer ses nids en revue ; il peut arriver que des jeunes périssent et qu'il faille les enlever pour éviter des émanations putrides. Dans l'intérêt même des vieux, et pour éviter les désastres de la ladre, il faut veiller à leur passer un jeune dans le cas où celui ou ceux qu'ils nourriraient viendraient à périr. Là doit se borner l'inspection.

On doit nettoyer les nichettes au moins une fois la semaine. Il faut à tout prix éviter que la vermine ne s'y attache et n'attaque les pigeonneaux. Un moyen des plus simples et bien à la portée de tous, c'est d'y semer un peu de poudre de tabac. Au lieu donc de jeter au vent le résidu de vos blagues à tabac, faites-en provision pour votre pigeonnier.

C'est en usage dans maints pigeonniers. Pourtant les exhalaisons de la nicotine peuvent être funestes aux pigeonneaux.

Nous ne saurions trop recommander de saupoudrer les cases et le fond des nids avec la poudre du Crésyl. C'est un produit de premier ordre qu'employent, de préférence à tout autre, les premiers éleveurs de France.

Il est bon d'enduire de goudron le dessous des plateaux ; c'est là que se logent les parasites. De temps à autre qu'on frotte avec une gousse d'ail l'intérieur et l'extérieur des nids : c'est un antiseptique à la portée de tous. Le fond des plateaux sera garni de paille coupée ou de foin bien sec, ou encore de sable qu'on pourra chauffer au préalable. Le point essentiel consiste à combattre l'humidité et la vermine.

Afin d'enlever plus facilement la colombine qui s'accumule

dans la case au fur et à mesure que les pigeonneaux grandissent, il est bon d'y répandre un peu de sable sec ; le nettoyage devient facile et ce sable absorbe en partie l'humidité.

Mais en procédant à ces soins, il faut éviter le plus possible de prendre les pigeonneaux en mains et de les déplacer inutilement. Si l'on voit de beaux et forts pigeons dans des nids infects, c'est à la tranquillité dont ils jouissent qu'il faut attribuer leur santé florissante. Et pourtant il faut bien les prendre en mains pour le nettoyage.

Comme toute case doit être garnie de deux plateaux, on les passera dans celui qui sera libre quand on fera le nettoyage de l'autre. Au bout de quelques jours, les pigeonneaux arriveront à lancer leurs excréments par dessus bords ; à partir de ce moment, on les laissera tranquilles dans le nid, sans quoi ils en sortiront, tomberont sur le plancher et se tueront ou seront sinon tués, du moins démolis par les vieux.

Il est bon que les nids ne soient pas exposés à trop de clarté ; une demi-obscurité vaut mieux ; les pigeonneaux, craintifs de leur nature, s'y tiennent plus tranquilles et ne quittent leur retraite qu'autant qu'ils ont la force de la regagner s'ils viennent à la quitter.

Passons maintenant aux pigeonneaux considérés au point de vue de la parfaite santé de leurs parents.

Il est de toute nécessité de passer quotidiennement la revue des pigeonneaux, dans les premiers jours de l'éclosion principalement. Il peut arriver que le ou les pigeonneaux périssent ; on devra immédiatement passer un jeune aux producteurs, eût-il quelques jours de plus, cela importe peu ; ce sera même une bonne fortune pour l'oiseau adoptif qui recevra des soins plus longtemps.

Il faut que les producteurs puissent se débarrasser de la bouillie qu'ils donnent pendant plusieurs jours à leurs petits, sans quoi leur organisme serait complètement détraqué ; la sécrétion se caillerait, durcirait et finirait par neutraliser les fonctions digestives.

Il n'est pas sans intérêt de se poser ici une question sur laquelle les auteurs ne sont pas d'accord.

Le pigeon prépare-t-il la bouillie : 1° dès les derniers jours d'incubation, 2° à partir du moment où l'œuf est béché, 3° ou enfin seulement dès l'éclosion des pigeonneaux ?

C'est un point qu'il faut élucider le mieux possible, car il est de la plus haute importance pour la mise en route des pigeons qu'on doit toujours engager dans les meilleures conditions.

Un pigeon qui perd sa compagne et abandonne ses œufs au bout de quinze jours est-il exposé à la ladre ?

Ou encore un pigeon qui couve de seize jours est-il en bon ordre pour être engagé dans un concours lointain ?

Ces questions viennent se greffer sur celle que nous nous sommes posée plus haut et que nous répétons : à partir de quel moment les producteurs font-ils leur bouillie ?

Le D\u1d63 Chapuis pense que le pigeon prépare sa bouillie dans les derniers jours d'incubation. Il engage l'amateur à vérifier l'état des œufs la veille de l'éclosion ; si les œufs sont mauvais, il faut pourvoir, écrit-il, à ce que les parents ne deviennent pas malades et leur donner un nourrisson étranger.

Il est évident pour lui que la bouillie est sécrétée avant que les œufs ne soient même béchés.

M. La Perre de Roo est du même avis. Si l'on enlève, dit-il, leurs œufs aux producteurs deux ou trois jours avant l'éclosion, il y a engorgement des follicules sécréteurs.

M. Smal-Delloye est moins catégorique et ne se prononce pas. Son opinion, si c'en est une, est qu'on n'est pas bien fixé sur le point de savoir si les pigeons font bouillie avant l'éclosion, ou si c'est au moment où l'œuf est béché. Il incline pour cette dernière version (1).

Le lieutenant Gigot est très affirmatif. D'aucuns, lisons-nous dans son ouvrage *La Science colombophile*, prétendent que les pigeons commencent à faire leur bouillie dès que le terme de l'incubation est prêt d'expirer ; ils ont tort. Les autres, et ceux-là sont dans le vrai, déclarent que cette sécrétion n'a lieu que lorsque le petit est sorti de l'œuf.

---

(1) *Manuel de l'amateur colombophile*. Smal et C\u1d49, éditeurs à Liège.

Nous sommes de ce dernier avis, avec cette différence que nous croyons le pigeon en travail de bouillie dès que l'œuf est béché. Et voici sur quelles raisons est basée notre opinion.

Ce n'est certainement pas le nombre de jours d'incubation qui règle la préparation de la bouillie, puisque nous faisons couver des pigeons au delà de dix-sept jours sur de mauvais œufs sans qu'ils en soient le moins du monde incommodés.

Nous passons sans inconvénient des œufs couvés depuis quinze jours à des pigeons qui ne couvent que depuis huit jours. Le travail définitif ne commence chez le pigeon que lorsqu'il a des jeunes, puisqu'en lui passant un jeune après douze à quinze jours d'incubation il le nourrira.

Donc la période de dix-sept jours d'incubation n'est pas requise pour la formation de la bouillie.

Chez les mammifères, la nature travaille au fur et à mesure que l'animal approche du terme de la délivrance : mais il faut arriver à l'échéance et attendre encore trois jours pour que le lait monte. Qu'un accident survienne après quelques mois de gestation, il n'y a pas à craindre d'épanchement de lait, bien que les mamelles aient déjà accusé quelque gonflement.

Nous pensons, par analogie, que le pigeon, lui, prépare sa bouillie dès que le pigeonneau frappe du bec la coquille de l'œuf, mais que le danger de la ladre ne commence qu'à partir du moment où l'éclosion a lieu.

Que faut-il en déduire ?

1° Qu'on peut laisser sans inconvénient couver les pigeons sur des œufs qui ne sont pas fécondés

2° Que si l'œuf béché n'arrive pas à éclore, il est prudent, si pas indispensable, de passer discrètement un jeune aux producteurs.

3° Qu'il vaut mieux ne pas engager au concours un pigeon dont les œufs sont béchés.

Peut-on distinguer les sexes quand les pigeonneaux sont encore dans le nid ? Mieux alors que deux mois plus tard.

Le mâle est généralement plus fort; quand on approche du nid il se lève avec la prétention de vous donner des coups de bec et en faisant entendre un craquement assez significatif. L'an dernier nous avons bagué nos jeunes pigeons suivant leurs apparences ; les plus forts à la patte droite et les moins forts à la patte gauche. Nous avons pu juger que le coup d'œil ne nous avait pas trompé.

Quand des pigeonneaux de quelques mois ne portent aucun signe distinctif qui vous guide à peu près, il est bien difficile et presque impossible d'apprécier leur sexe. Le mâle a souvent la tête plus forte et arrondie, la femelle la tête plate. Mais pour être certain de la chose, il faut attendre que l'instinct de la reproduction se manifeste.

Bon nombre d'amateurs croient bien faire en ne laissant aux producteurs qu'un jeune à nourrir ; ils sacrifient souvent celui qui paraît le moins solidement constitué.

Voilà comment il arrive qu'on se trouve en présence d'un trop plein de mâles et que les femelles sont plus rares.

Les bons nourriciers se chargent cependant avec autant de soins et d'assiduité de deux pigeonneaux sans en éprouver plus de fatigues.

Nous sommes d'avis qu'il est préférable de laisser deux pigeonneaux dans le même nid, d'abord parce qu'ils se réchauffent l'un l'autre, se tiennent plus serrés et donnent moins de prise au froid ; ils quittent moins vite le nid et lorsqu'ils prennent leur première volée, s'observant l'un l'autre, se tenant pour ainsi dire, ils s'éloignent et s'égarent moins facilement. Il n'est pas rare de voir les plumes d'un pigeonneau, seul au nid, prendre une courbe de dedans en dehors. Enfin plus les parents auront de soins à prodiguer à leurs rejetons, moins vite il songeront à bâtir un nouveau nid.

Comment prétendre qu'un couple de pigeons se fatiguerait à nourrir deux petits quand nous voyons le canaris, la fauvette et tous ces gentils petits oiseaux qui gazouillent autour de nous se charger du soin de toute une volée ? Si la Nature a voulu que la femelle pondit deux œufs, on peut être persuadé qu'elle a tenu compte de ses moyens et qu'elle n'a pas excédé ses forces en ordonnant qu'un couple producteur se chargeât de deux pigeonneaux ; tous nos calculs ne changeront rien à la sagesse de ces lois.

Il faut reconnaître que tous les pigeons ne nourrissent pas également bien. Il en est chez eux comme dans notre pauvre humanité ; on voit des parents qui adorent leurs enfants et ne voient que par leurs yeux. D'un autre côté, nous avons trop souvent sur les bancs de nos cours d'assises le triste spectacle de l'abandon et de l'infanticide. Tournons vite cette vilaine page et disons, à l'honneur de nos pigeons, que bien souvent quand ils ne donnent pas les soins voulus à leur progéniture, c'est qu'ils sont affectés d'un vice de conformation ou que leur santé est compromise.

Il est bon d'avoir dans le pigeonnier des doublures auxquelles on passera les jeunes dont l'élevage paraîtra fatiguer les parents. Peu importe si ces nourriciers sont des pigeons communs, les qualités du pigeonneau n'en sauraient être aucunement amoindries.

CHAPITRE VI.

L'élevage.

Nos pigeonneaux ont dix jours; leur premier duvet a fait place à des plumes qui commencent à sortir de leurs tubes. Les parents les quittent plus fréquemment et ne les recouvrent qu'à de certains intervalles pendant la journée.

La mère ne les protège de son moelleux édredon que du coucher du soleil au lever du jour.

C'est plaisir de les admirer avec leur jabot tout replet, et si bien installés qu'à la moindre approche, ils se soulèvent comme s'ils redoutaient qu'on les dérangeât.

C'est l'alimentation qui doit faire l'objet de toute notre surveillance.

Il ne manque pas de jeunes amateurs qui jettent aux nourriciers le grain à profusion, dans l'espoir qu'ils favoriseront ainsi la bonne venue des pigeonneaux.

C'est une erreur : souvent les vieux n'en nourrissent que moins bien.

Il faut être, dans les distributions de nourriture, économe et régulier.

Econome, parce qu'en prodiguant le grain, on en perd forcement beaucoup, et que très souvent il est recouvert de malpropretés; ce qui explique pourquoi les nourriciers en rejettent plus qu'ils n'en absorbent.

Régulier, car ne l'étant pas, il vous arrivera de jeter le grain à des pigeons affamés qui gorgeront leurs jeunes, aussi affamés qu'eux, au point de leur en donner une indigestion, parfois mortelle. Et puis, si les pigeonneaux sont assez avancés, ils sortiront du nid pour poursuivre leurs parents, se refroidiront et ne trouveront plus leur place; les vieux les recevront au milieu d'eux comme sont reçus les chiens dans un jeu de quilles. Ceux dont les nichettes se trouvent aux étages supérieurs se jetteront hors du nid, et se déformeront le sternum en tombant sur le plancher.

Il faut au moins trois distributions par jour : la première à l'aube, la seconde à midi, la troisième quand le soleil se couche.

Pour exciter l'appétit, variez la nourriture. Il en est des pigeons comme de nous. Si l'on vous servait le pot-au-feu pendant les 365 jours de l'année, votre estomac s'en fatiguerait et la paresse, mère de l'ennui, naîtrait de cette uniformité.

La féverole sera la base de l'alimentation ; quelques poignées de maïs très sain, de vesces et de riz composeront un dessert très recherché. Le soir un peu de froment.

Que l'eau ne manque pas, fraîche et ferrugineuse. Voyez bien si certains jeunes ne sont pas, au bout de quinze jours, mous et d'une maigreur extrême, au lieu d'être durs et dodus, car les nourriciers abusent quelquefois du sel qui les altère ; ils absorberont trop un liquide, dont ils indisposeront leurs jeunes, tant il est vrai que l'excès nuit en tout ! Une bonne bouteille de vieux vin remet un homme sur ses jambes : deux les lui enlèvent complètement.

Il est urgent dans ce cas d'enlever la pierre de sel.

Il ne faut pas perdre de vue qu'au bout d'un mois, le pigeonneau, qui jette ses gourmes comme un jeune chien, se trouvera à la veille d'une crise qu'il traversera d'autant plus facilement que nous l'aurons mieux soigné : une nourriture saine, variée, distribuée avec discernement la lui rendra facile.

Voilà nos jeunes pigeons prêts à sortir du nid ; déjà vous les avez vus imiter leurs nourriciers et picoter maladroitement le blé que vous avez, avec intention, déposé dans la case.

C'est le moment du sevrage. Il vaut mieux les séparer de leurs parents vers le vingt-troisième jour ; ils n'en pousseront que mieux.

Vous les mettez ensemble dans un compartiment du pigeonnier bien sec, avec un baquet d'eau que vous renouvellerez souvent. Vous parsemerez sur le plancher un peu de blé et de riz ; c'est le bon moyen de s'apercevoir s'ils mangent.

Le premier jour, les plus gaillards seuls se risqueront à

s'approcher de l'eau et même à s'y baigner. Les autres resteront entassés dans un coin, sans même prendre aucune nourriture. Vers quatre heures du soir, remettez-les dans le nid ; les vieux s'empresseront de calmer leurs cris et de les gaver. Une heure après, retirez les jeunes ; vous ne les rendrez plus aux parents que s'il y a nécessité absolue.

Au deuxième jour, nos gaillards y mettront plus de franchise. Le soir vous leur tâterez le jabot et vous constaterez avec satisfaction qu'il est rondelet. Si la gave est dure, présentez-leur de l'eau qu'ils absorberont longuement. Il faut suppléer à leur inexpérience.

Malgré tous ces soins, il n'est pas à dire que tous vos pigeonneaux seront durs, bien plumés et solides.

Après le sevrage, si vous voulez être fixés sur leur fermeté, prenez-les dans la main, et lâchez-les, après les avoir soulevés dans l'air. Vous pourrez mettre à gauche ceux qui rouleront sur le plancher et conserver avec soins ceux qui tomberont sur leurs pattes et se relèveront comme soulevés par un ressort.

C'est un procédé un peu draconien et qui rappelle les mœurs des anciens qui, pour s'assurer de la solide constitution de leurs rejetons, les plongeaient dans un bain froid dès leur naissance. Néanmoins il accuse, chez le pigeonneau qui supporte bien l'épreuve, des ailes solides et de la force.

Il se peut qu'il y ait parmi ces pigeonneaux mous et mal plumés des sujets de valeur, mais on n'en sera bien sûr que très tard, et mieux vaut les passer à la cuisinière qui vous en fera un plat très appétissant.

A quoi cela tient-il ? à des causes bien difficiles à découvrir. Des producteurs d'une constitution et d'une santé irréprochables vous donneront parfois des avortons — c'est une exception sans doute, et notre observation n'a pas d'autre motif — tandis que des producteurs d'apparence médiocre élèveront de superbes pigeonneaux.

C'est qu'il faut bien peu pour arrêter le développement d'une couvée.

Et puis de bons voyageurs peuvent faire de mauvais nourriciers.

C'est à vous, jeune amateur, d'observer beaucoup. Vous pouvez conjurer bien des ennuis et des maladies, en suivant votre pigeonnier avec attention.

Si des pigeonneaux éprouvent quelque difficulté à voler, examinez-les ; vous êtes probablement en présence d'une maladie d'ailes. Dans ce cas, vous constaterez à l'articulation de l'aile une grosseur qu'il faudra de suite frictionner avec l'alcool camphré, ou badigeonner avec la teinture d'iode. Quand la tumeur sera mûre, vous la percerez, il en sortira un liquide visqueux. Vous continuerez l'opération jusqu'à ce que la plaie se cicatrise.

Si vous gavez des pigeonneaux, parce qu'ils ne prennent pas assez de nourriture, ayez soin de tremper préalablement les féverolles que vous leur introduirez délicatement, sans précipitation et avec mesure ; sans quoi le pigeon périrait étouffé dans vos mains.

Le pigeon qui quittera le nid en février subira en avril une mue partielle ; sa tête et son cou se dégarniront. C'est une période critique que vous surveillerez.

Les pigeonneaux recevront une nourriture très substantielle ; à ceux qui bouderont vous tirerez quelques plumes de la queue et la première plume à tomber de l'aile c'est-à-dire la 10e en comptant de l'extrémité de l'aile. Vous leur donnerez beaucoup d'eau pour se baigner ; c'est une condition indispensable de leur bonne venue.

Ils seront logés, autant que possible, dans un pigeonnier particulier, loin des tracasseries et des coups.

Surveillez la colombine ; c'est le baromètre très sûr de leur santé. Vous avez le moyen de faire la pluie ou le beau temps, en donnant aux pigeonneaux une nourriture laxative s'ils vous paraissent échauffés, et des graines féculentes s'ils ont l'air de lâcher un lavement.

Voyez si le nez ne jette pas, s'ils ne baillent pas comme gênés dans leur respiration.

Le jeune pigeon qui jouira d'une parfaite santé aura l'œil vif, l'allure décidée, la plume bien grasse.

Toutefois les apparences peuvent être trompeuses et tel pigeonneau, qui vous semblera malingre, deviendra l'an prochain un magnifique pigeon. Si vous n'avez pas beaucoup de producteurs, nous vous engageons à patienter, car le pigeon n'est généralement pas beau dans sa première année.

Quant à celui qui n'a que l'embarras du choix, il ne saurait y mettre trop d'exigences et de sévérité.

Le premier cadeau à faire aux jeunes pigeons qui commencent à manger et boire, ce sont des perchoirs.

Si vous tenez à ce qu'ils se développent vite et bien, il est indispensable qu'ils aient leur place et qu'ils y puissent rester tranquillement. Tout en favorisant leur croissance, vous fixerez déjà leur tenacité, leur amour du pigeonnier sans lesquels un pigeon ne vaudra jamais rien.

S'ils sont condamnés à traîner tantôt ici, tantôt là-bas, toujours gênés, toujours gênants, ils prendront leur habitation en dégout et la quitteront sans que rien ne les y attire ou ne les y ramène.

Mais s'ils ont pris leur place, vous les verrez battre des ailes en se soulevant comme pour se grandir, s'étendre avec une satisfaction bien marquée et lancer des coups de becs à ceux qui n'observeraient pas les distances.

Donc des perchoirs bien disposés en gradins sur lesquels vos écoliers s'installeront définitivement.

S'ils sont obligés de s'accrocher dans des coins, mal d'aplomb, il arrivera qu'après quelque temps vous constaterez la déviation du sternum qui est, chez le jeune pigeon, d'une sensibilité excessive. Or, le sternum est la clef de voûte du thorax qui protège les poumons : il est facile à concevoir qu'un sternum déformé amène fatalement une gêne dans le fonctionnement de l'appareil respiratoire.

Voici le quart d'heure de la première sortie. On l'attend avec impatience, mais aussi avec anxiété, car nous perdons tous de jeunes pigeons, et souvent la fatalité veut que ce soient précisément les sujets auxquels nous attachons le plus de prix.

Certains amateurs, quand le pigeonneau, presqu'au sortir

du nid, sait à peine voler, le placent quelque temps sur la trappe, afin qu'il observe les environs. Ce système est bon, mais il ne faut pas attendre, pour l'appliquer, que le pigeon puisse prendre son essor, car effrayé, il s'envolerait et Dieu sait si vous le reverriez.

Le danger commence quand l'œil du pigeonneau, de gris qu'il était, change de couleur et jaunit. Si vos pigeonneaux en sont là, laissez-les faire ; toutes les précautions que vous pourriez prendre n'aboutiraient qu'à compliquer la situation.

Nous avons vu des amateurs poser sur la trappe un treillis formant cage ; les pigeonneaux venaient s'installer à l'intérieur, s'orienter et après quelques jours on l'enlevait. Les jeunes pigeons s'apercevaient à peine du changement et se trouvaient habitués sans autre forme de procès. C'est assurément le meilleur de tous les systèmes.

Enfin beaucoup s'en rapportent à Dame Bonne Chance. Dans ces conditions, il faut avoir soin de ne pas séjourner continuellement dans le pigeonnier ou en face de la trappe La plus sûre garantie de réussite est de ne rien changer à l'intérieur ni à l'extérieur du pigeonnier et de veiller à ce qu'aucun bruit n'effraye les jeunes qui s'aventurent sur la trappe. Il ne faut qu'une bonne qui se mette à battre des tapis, un coup de marteau, une porte qui claque, des cris d'enfants pour que les jeunes prennent leur vol étourdiment, s'élèvent à perte de vue et ne sachent réintégrer le colombier dont ils ne connaissent pas encore suffisamment les abords.

Ouvrez la trappe de grand matin, alors que tout est encore dans le calme ; ou encore par un temps pluvieux et à la tombée du jour.

Ou bien, faites la chose très simplement, en évitant tout bruit insolite, c'est encore ce qui vous réussira peut-être le mieux.

Chacun est responsable de ses actes et s'arrange comme il l'entend.

Malgré des précautions infinies, vous perdrez des jeunes pigeons, et bien souvent vous ne les retrouverez plus, bien que votre cachet soit tout au long imprimé sur les ailes.

C'est qu'un vieux pigeon qui se rend n'a, aux yeux de tous, qu'une médiocre valeur, tandis que les jeunes le mieux doués se perdent au premier vol, beaucoup en sont friands, et le mieux est de ne pas indiquer leur provenance. Dans le doute, l'amateur qui a la conscience élastique s'abstient de le retenir et le chasse du pigeonnier comme un intrus.

Et voilà comment, après deux ou trois jours, vous revoyez votre pigeonneau tout piteux, tout déconfit, tout délabré. C'est un bon quart d'heure pour celui qui l'a élevé avec soins.

Nous engageons les amateurs qui élèvent de jeunes pigeons à laisser constamment le pigeonnier ouvert dans les huit premiers jours afin d'éviter les sorties en masse qui se produisent lorsqu'on n'ouvre la trappe qu'à certaines heures de la journée. Il est certain que le jeune pigeon qui se trouvera pris à sa première sortie dans la cohue des vieux aura toutes chances de se perdre.

Si la trappe reste ouverte, les vieux ne sortiront que par groupes, et les jeunes se contenteront de voleter autour de la trappe et sur le toit, sans se laisser entraîner par une bande. Petit à petit, ils se risqueront avec les vieux et tiendront le peloton. Ce résultat obtenu il sera bon, pendant quelque temps, de n'ouvrir la trappe que trois ou quatre fois par jour, et de ne distribuer la nourriture qu'après la rentrée de tous les pigeons. Il faut éviter que les pigeonneaux s'habituent à séjourner sur les toits, car ils deviendraient paresseux et n'en aimeraient que moins leur colombier.

Quand les pigeonneaux seront habitués, il faudra éviter de les effrayer, car à la moindre alerte, ils délogeront, et gare alors à la griffe du chat qui peut les surprendre pendant leur sommeil au clair de lune !

Rien d'agaçant comme de voir la jeune bande voler des heures entières et ne jamais oser, le soir arrivé, se reposer sur la trappe. Vous pensez qu'ils vont se rasseoir, mais non ; un d'eux a été repris de frayeur et les voilà de nouveau relancés ; vous avez beau siffler, jurer, tempêter, ils ne cesseront leur course que lorsque les ombres de la nuit les y obligeront.

Vous pouvez éviter ces ennuis en ne leur donnant au début qu'un seul repas avant quatre heures de l'après-midi, par exemple. La distribution se faisant régulièrement à quatre heures du soir, ils n'y manqueront pas, soyez-en certain. Au premier coup de sifflet, vous les verrez se précipiter dans le pigeonnier. Fermez alors la trappe, il ne leur arrivera pas de loger à la belle étoile.

Il y aura parfois des récalcitrants; n'y en a-t-il pas un peu partout? Mais vous leur tiendrez tête, et l'estomac plaidant en votre faveur, ils capituleront.

Imposez-leur votre volonté en les soumettant à des repas réguliers et vous serez maître du colombier.

De temps en temps vous les régalerez afin qu'ils affectionnent leur demeure et s'y attachent.

N'étant pas accouplés, ils ne seront attirés au colombier que par le bien-être. Les enfants, encore au bras de leur nourrice, se démènent comme de petits diables dans l'eau bénite quand on passe, sans s'y arrêter, devant une maison où l'on a coutume de donner au bébé, un gâteau, un bonbon, une friandise. Les pigeonneaux en feraient certainement autant.

Après une petite sortie, par exemple, ils trouveront un régal dont le souvenir leur sera bien agréable et les attirera vers le pigeonnier à chaque retour. Ce dessert se composera d'un mélange de colza, navette, œillette, riz, maïs, anis, chenevis, millet plat, millet rond, trèfle, gravier, écailles d'œufs pilées.

Essayez, et vous constaterez avec quelles délices vos jeunes pigeons se précipiteront sur le plat et se le disputeront.

Naturellement il ne faut pas en abuser, car un plaisir n'a plus de charmes quand on y goûte souvent. Ce qui en double la jouissance, c'est le désir et l'attente.

Jusqu'ici nous n'avons considéré l'élevage que sous ses apparences les plus agréables. Cependant, comme toute médaille, il a son revers, et près des roses sont les épines.

Il y a des amateurs qui ont le bonheur d'avoir toujours des pigeons sains et qui ne connaissent les maladies que de nom; d'autres, au contraire, qui n'arrivent pas à s'en débarrasser.

Pourquoi ? Ce serait bien long à examiner, car ces épidémies, à l'état chronique, peuvent avoir des causes multiples.

Il est certain que l'on ne saurait trop prendre de précautions lorsqu'on monte un pigeonnier. Beaucoup ont la funeste manie d'acheter sans contrôle. Il est bon de s'enquérir si les sujets sortent d'un pigeonnier bien tenu, qu'on ne vend pas pour la raison qu'il est empoisonné, raison qu'on a soin de ne pas consigner dans l'annonce de la vente.

Si extraordinaires qu'aient été ces pigeons, ils ne rapporteront à celui qui les achètera que la peste en permanence. Sujets à la loi de l'hérédité, les jeunes qu'ils vous donneront n'auront en partage que les horreurs du muguet ou du niflé.

Si l'on ne prend pas l'énergique résolution de tout balayer, on perdra son temps à user de tous les expédients pour régénérer en vain un sang vicié et reconstituer des natures atrophiées.

Si vous avez des pigeons sains, soyez très circonspect en introduisant dans votre colombier des sujets étrangers. Si vous n'avez pas toutes les garanties nécessaires, soumettez-les auparavant à une quarantaine et ne leur ouvrez les portes qu'après les avoir purgés et vous être convaincus de leur parfait état de santé. Il ne faut qu'un mauvais œuf pour gâter la plus délicieuse omelette.

Les jeunes pigeons sont sujets à certaines affections accidentelles.

Les voici exposées brièvement :

Il arrive que les pigeonneaux ne savent se tenir debout : il semble qu'ils manquent de force. Il faut bien se garder de les condamner, car avec quelques frictions énergiques d'huile mélangée d'essence de térébenthine, vous arrivez à les guérir.

Parfois le jeune a le cou contourné, par suite d'une convulsion ; cette maladie articulaire est sans remède et le sujet peut être sacrifié.

Tous les amateurs ont eu en mains des pigeonneaux qui avaient le sternum contourné. Une mauvaise position dans le nid ou dans le pigeonnier à la sortie du nid, peut en être la cause.

En prenant en mains, au bout de trois ou quatre jours, le pigeonneau, on le remet difficilement à la place qu'il occupait auparavant. Un morceau de balai ou de terre suffit pour occasionner cet accident, qui n'est pas grave mais qui met le pigeon dans des conditions d'infériorité pour lutter dans les concours, s'il est très prononcé. Le sternum est la cuirasse des organes respiratoires, et si peu qu'il est atteint, le pigeon doit éprouver une gêne dans leur fonctionnement.

Ces affections ne sont rien auprès de la maladie de l'aile, du muguet et du niflé que nous traitons au chapitre des maladies.

CHAPITRE VII.

Les entraînements.

Les colombophiles ne soumettraient pas leurs élèves de l'année à des étapes d'entraînement, s'ils avaient la certitude que tous sont dignes d'être conservés et s'ils ne craignaient pas que quelques-uns d'entre eux, sous une apparence de vigueur, cachassent un défaut.

Il est donc indispensable d'exercer ses jeunes et de les soumettre à diverses épreuves à partir du mois d'août. C'est aussi un moyen de se renseigner immédiatement sur la valeur des croisements qu'on a tentés.

Les jeunes, pour être conservés, devront marcher régulièrement bien, c'est la meilleure preuve de leur qualité.

Quant à la longueur des voyages qu'on doit leur faire entreprendre, les avis sont partagés.

Beaucoup d'amateurs se contentent de quelques essais, pour terminer par une distance de 25 à 30 lieues. D'autres, plus difficiles, veulent aller jusqu'à 80 lieues. Dans la liste des pigeons vendus à Bruxelles, la plupart des jeunes ont généralement fourni l'étape d'Orléans ; la fédération d'Anvers termine souvent ses concours par un voyage similaire pour jeunes et vieux.

Chaque année, Lille, Roubaix et Tourcoing terminent leur saison par le même voyage ; c'est une garantie de plus pour ceux qu'on conserve et les défectueux ne sauraient le supporter. Je pourrais énumérer, si besoin en était, beaucoup de sociétés qui atteignent cette distance, mais en voilà assez pour que les nouvelles sociétés puissent savoir à quoi s'en tenir.

Le jeune pigeon est susceptible de faire plus encore, mais ce n'est pas sans danger pour la suite.

Les jeunes pigeons peuvent supporter des épreuves extraordinaires ; mais il faut bien se garder de répéter ces expériences sur des sujets auxquels on attache un grand prix en vue de l'avenir ; car ils seraient incontestablement rompus pour toujours.

Nous sommes en ceci en parfaite communauté d'idées avec le docteur Chapuis.

Lorsque pendant la belle saison, écrit-il, on a élevé quelques jeunes pigeons destinés à combler les vides que peuvent faire au colombier les maladies ou les mauvaises réussites, il est bon de faire leur éducation première par quelques voyages d'essai. Quoiqu'un pigeon paraisse, à la vue, bien conformé, il peut néanmoins être atteint de quelque vice d'origine, qui le rend inapte à atteindre le but auquel il est destiné ; l'observation peut faire reconnaître si les ailes d'un jeune pigeon sont vigoureuses et bien conformées, elle ne nous apprendra pas si sa vue est suffisante, et son instinct développé ; les premières épreuves auxquels il sera soumis, nous donneront toute satisfaction à cet égard.

Un pigeon de deux ou trois mois, comptés à partir du moment où il a pu se suffire à lui-même, peut déjà faire quelques voyages ; mais on préfère attendre qu'il ait cinq à six mois et d'habitude ce sont les jeunes nés en mars, avril et en mai que l'ont soumet à ces épreuves. Elles ont lieu vers la fin d'août ou pendant le courant de septembre. On commence par un voyage de deux à trois lieues ; le deuxième effectué trois ou quatre jours après, mesurera le double, de cette manière on peut en cinq ou six étapes arriver à la distance de cinquante à soixante lieues.

L'épreuve est suffisante. Les pigeons incapables sont restés en route ; les mieux organisés ont montré leur rapidité et leur excellence ; un trainard, qui, à chaque épreuve et dans de bonnes conditions, se laisse constamment distancer, ne doit pas être conservé. Il est possible qu'il s'améliore ; il arrive qu'un pigeon, pendant plusieurs années, ne se distingue nullement et obtient tout à coup plusieurs succès ; on fait beaucoup de bruit de ces exceptions, mais en général, il vaut mieux faire son choix après ces épreuves ; un pigeon hors ligne révèle son excellence aussi bien dans sa jeunesse que dans un âge plus avancé ; en conservant de ces pigeons très ordinaires, on manque de points de comparaison et on ne perfectionne pas une race.

Dans certaines localités, on exerce bien davantage les jeunes pigeons ; à partir du mois de juillet, des luttes commencent ; on en augmente progressivement l'importance, jusqu'à forcer les pigeons à des trajets de cent à cent vingt-cinq lieues. Que cette manière d'agir, en multipliant les luttes, augmente le plaisir, c'est incontestable, mais qu'une race en devienne meilleure, c'est problématique. Le pigeon n'est formé qu'à l'âge de trois ans ; si, dans sa jeunesse, on le soumet à des labeurs trop rudes, il s'épuise facilement ; à l'âge de quatre à cinq ans, où il devrait posséder toute la plénitude de sa vigueur, il commence à décliner, un trajet de moyenne longueur l'épuise, et s'il ne reste en route, à peine peut-il suivre l'arrière-garde.

A ce système, je préfère beaucoup celui de certains amateurs qui, la première année, soumettent leurs jeunes pigeons à quelques épreuves insignifiantes, les laissent se former et se développer pendant la seconde ; à la troisième seulement leur font faire un voyage de cent cinquante lieues. Leur colombier renferme alors des concurrents solides qui peuvent avec avantage prendre part aux luttes de longs cours.

. . . .

Ce sont absolument nos idées et nous engageons les nouveaux amateurs à tenir compte de ces conseils.

Il faut se hâter lentement, car la patience, en colombophilie, c'est le succès.

CHAPITRE VIII.

Les Concours.

C'est un moment bien décisif pour l'amateur que celui où, rempli d'espoir, il compte cueillir les fruits de ses recherches et de ses peines.

Si la Colombophilie est chose intéressante, elle assujettit celui qui la pratique à toutes sortes d'exigences parfois pénibles et lui ménage de grandes joies comme de grandes déceptions. Nous subissons, là comme ailleurs, la loi qui nous dit : « Tu n'auras rien sans peine. »

Que de fois doit-il grimper au pigeonnier pour noter les indications précises qui le guideront ! Tel pigeon a des jeunes de dix jours ou poursuit sa femelle, il sera bon de le mettre en route ; tel autre est à la veille d'une éclosion, il le laissera tranquille. S'il s'agit de préparer tel pigeon pour une date fixe et de retarder l'époque d'une nouvelle ponte, il lui passera des œufs pondus quelques jours plus tard, puis quelques jours après que les jeunes seront éclos, il lui en passera d'autres moins âgés, de telle sorte qu'il aura retardé de huit jours de nouvelles poursuites.

A la rentrée des essais, il devra classer les pigeons, trier ceux qui marchent bien de ceux qui traînent, voir ceux qui supportent le mieux les fatigues, car chaque pigeon devient une étude. L'un marche bien par vent du Nord, il faut à son voisin un vent du Sud ; l'un rentre de suite et plonge sans hésitation dans le pigeonnier ; l'autre fait du toit, hésite sans qu'on puisse se rendre compte de ses craintes ; celui-ci marche bon train quand il a des œufs de plusieurs jours, celui-là n'a de vitesse qu'avec des jeunes de 10 jours : enfin les uns font beaucoup de vitesse sur de petits parcours et perdent plus on les éloigne ; chez d'autres c'est le contraire ; ils ne s'échauffent et ne font de prouesses que sur des trajets de 300 à 400 kilomètres.

C'est à l'amateur à distinguer et à apprécier ses sujets.

Quelles sont les règles à observer pour engager des pigeons au concours.

Les voici énumérées et développées par un de nos collaborateurs :

1° Le pigeon doit être en parfait état de santé, car il est évident que, pour imposer à un être quelqu'il soit fatigues et privations, il faut avant tout que cet être jouisse d'une bonne santé, sans quoi il succomberait malgré son courage et son énergie ; 2° Sa mue ne doit pas être précoce et aucun vide ne peut exister dans l'aile Dès le début de la mue, le vieux pigeon n'est guère indisposé, mais son état maladif arrive bientôt dès que ce phénomène annuel entre dans la période critique, c'est-à-dire lorsque les plus grandes pennes commencent à tomber et que toutes les forces de l'organisme sont employées à faire disparaître le duvet protecteur. Les longs voyages ont lieu fin juin et dans le courant de juillet ; si donc on n'a pas pris la précaution de ne pas nourrir trop fort les pigeons pendant l'hiver, et si on n'a pas proscrit les accouplements prématurés, il s'en suit que les ardeurs amoureuses ont amené une mue précoce qui a pour effet de diminuer les forces physiques et de mettre le voyageur aérien dans l'impossibilité de manœuvrer facilement son appareil volant dans lequel des vides se sont produits. Beaucoup d'amateurs vont répondre : il est impossible de retarder les accouplements si on veut avoir des jeunes capables de voyager la première année. C'est une erreur et on ne connaît pas ces difficultés dans les colombiers bien tenus. Un amateur consciencieux doit avoir ses producteurs qui ne voyagent jamais et qui constituent la source de ses bons produits. Ils doivent être tenus dans un colombier séparé où il sera facile de les traiter de manière à obtenir des jeunes dès que le moment sera venu. Les pigeons destinés aux concours doivent, au contraire, être soumis au régime de manière à ne laisser nicher qu'en avril. En agissant ainsi, on pourra toujours engager dans les concours des sujets remplis de force et de vigueur, dont l'appareil volant sera intact. Ce procédé a un double avantage : celui d'avoir des pigeons pleins de santé et d'ardeur non épuisés par les fatigues de l'élevage, et celui de posséder des messagers pouvant participer aux concours avec avantage ; 3° Un pigeon qui participe à un concours ne doit pas avoir des œufs sur le point d'éclore ou des petits de moins de huit jours. Lorsque les œufs vont éclore le pigeon fait « bouillie » comme on dit vulgairement. Son gésier et son œsophage se gonflent et deviennent mous parce qu'ils ne renferment qu'une substance grisâtre qui sert d'aliment aux petits pendant les premiers jours de leur existence. Cette matière doit disparaître, sans cela le nourricier devient malade. Si donc on sépare les parents de leurs petits pour les mettre au concours, on s'expose sinon à les perdre, du moins à ne pas les voir arriver de bonne heure ; 4° Lorsque le pigeon chasse sa femelle, phénomène qui se produit quelques jours avant la ponte, il est rempli d'ardeur et c'est un excellent moment pour le faire entrer en lice. Dans ce cas la femelle chassée ne doit pas concourir; 5° Un pigeon doit, autant que possible, être accouplé car l'attachement qu'il a pour sa compagne, sa couvée et ses petits, joue un grand rôle dans l'accomplissement du trajet à parcourir ; 6° Le meilleur moment pour faire concourir un pigeon est celui qui prend cours deux jours après la ponte pour se terminer deux jours avant l'éclosion des œufs. On peut encore choisir celui où il a un jeune de 15 jours ; 7° La femelle sur le point de pondre ne doit jamais être mise au concours.

. . . .

Qui est-ce qui fait donc la supériorité de certains amateurs ? C'est ce discernement. Ils ont la main sûre et ne mettent leurs pigeons en route que le jour où il est à point.

Aussi les voyez-vous alors jouer le gros jeu et faire toutes les poules. Ils sont assurés du succès, et neuf fois sur dix les résultats prouvent qu'ils ont raison.

Il ne manque pas de bons pigeons; ce sont surtout les bons amateurs qui font défaut. Et les résultats, quoiqu'on en dise, ne sont pas l'effet du hasard. Un de nos amis nous disait ces jours-ci : « Je n'ai jamais eu plus de succès que l'année où je me suis le moins occupé de mes pigeons. » C'est possible, mais cela ne prouve rien. Il se peut qu'un arbre, qu'une vigne aient par hasard donné beaucoup de fruits certaine année où l'on s'en est fort peu occupé ; mais que deviendraient l'un et l'autre si nous les abandonnions aux seuls soins de la Nature, que nous devons aider ?

Croyez-m'en : pour arriver à prendre sa place, il faut y mettre toute son intelligence et son goût. On a rarement vu des amateurs primer dans les premières années. S'il en était autrement, on se rirait de ceux qui ont passé de nombreuses années à rechercher, quelquefois sans trouver.

A ce compte, il suffirait à ceux qui sont privilégiés de la fortune, d'acheter à des grands éleveurs, quelques couples de jeunes pour n'avoir plus qu'à réaliser de gros bénéfices et remporter tous les premiers prix.

Eh bien non ! la justice le veut ainsi : avec des sujets de Gits, d'Hansenne, de Dardenne, de Longrée ou autres, vous ne ferez rien, mais rien de rien, si vous ne suivez pas vos pigeons.

Vous aurez tout ce qu'il faut pour bien faire, évidemment, mais c'est au prix de sacrifices, d'études et de peines.

Voilà toutes les réflexions qui hantent le cerveau des amateurs, quand ils attendent le retour de leurs pigeons.

Ils sont partis la veille : il y a 500, 800 ou 1000 concurrents. L'amateur a toujours dans le fond du cœur l'espoir de décrocher la timbale. Les essais de la semaine ont été favorables, les pigeons paraissent en ordre. Confiance !

Les pigeons seront lâchés à 7 heures ; ils ont à franchir 175 kilomètres. Le temps est beau, mais le vent est au Nord ; on peut compter sur une vitesse de 1000 mètres, et même plus, à la minute. L'amateur sait donc qu'à neuf heures cinquante cinq au plus tard, les constatations commenceront partout. Il est bon qu'il soit à son pigeonnier une demi-heure avant.

Il évitera ainsi les déceptions d'un de nos amis qui faisait ses emplètes aux halles pendant que ses pigeons rentraient et se voyait enlever les premiers prix qu'il méritait.

Chut ! un pigeon ! il tourne, il tombe, il est sur la planche ! Le cœur bat à tout rompre ! Les secondes paraissent des éternités !

Du calme ! laissez descendre le pigeon tranquillement. Ne le gâtez pas. Imitez un grand amateur qui toujours laissait boire ses pigeons avant de les prendre. C'est d'ailleurs l'affaire d'une demi-minute au plus; si vous effrayez le pigeon, vous perdrez probablement davantage de temps, car, ou le pigeon vous échappera, ou dans votre précipitation vous le manquerez. Il est donc convenu que vous lui laissez le temps de se poser et de prendre possession du pigeonnier. Amenez-le alors dans un compartiment ou partout ailleurs, et prenez-le doucement en lui parlant; il se couchera et vous n'aurez plus qu'à le confier au coureur.

Il s'agit alors d'aller vite. Voilà ce qui gâte le pigeon. Inévitablement on l'effraye et il s'en souvient. Heureusement, la bague en caoutchouc Rosoor, employée pour le marquage secret des pigeons, a fait disparaître cet ennui.

Votre coureur, arrivé au délégué, plonge la main dans le sac et s'empare du pigeon comme il peut et sans la moindre précaution.

Le pauvre homme est quelquefois tout confus de n'y trouver qu'une salade ou un jeune chat; ce sont des moyens de l'entraîner et de le tenir toujours en éveil. Il vous revient honteux comme un renard qu'une poule aurait pris, et vous vous faites une pinte de bon sang. Il est si bon de se dérider pour tromper la monotonie de l'attente !

Enfin, le concours doit, selon vous, être terminé. Vous arrêtez les constatations, vous avez bien marqué et vous espérez.

Vous courez au local de la société pour vous rendre compte de la réalité.

Navrante !

Brosse complète !

La revanche à dimanche prochain !

. . . .

Voilà ce que c'est qu'un concours.

Mes pigeons ont fait du toit !

Voilà comment des amateurs expliquent et excusent souvent une bredouille. Si leurs pigeons étaient rentrés de suite, ils enlevaient le premier prix, la série de deux et le régulateur ! c'était une rafle, une razzia complète. Mais.. il y a un mais… les pigeons ont fait du toit.

Il faut avouer qu'il y a souvent du vrai dans ces affirmations.

Au premier concours, les pigeons plongent sans hésitation dans le pigeonnier. Au second, ils commencent à inspecter les alentours de la trappe ; ils viennent bien jusqu'au bord du pigeonnier, on dirait qu'ils vont tomber, mais ils font demi-tour, reviennent encore et se décident enfin à descendre. Au troisième, ils tombent bien encore sur la planche extérieure, mais ils posent et se recueillent. Il y a chez eux une lutte, et deux sentiments les agitent : la joie du retour au pigeonnier et la peur d'être pris brutalement et bousculés sans attention et sans pitié. Ils font alors leur toilette, toutes les plumes de la queue leur passent par le bec, ils s'étrillent, car rien n'est plus amoureux de la propreté que le pigeon.

L'amateur a les yeux fixés sur son chronomètre. Une minute s'écoule, puis deux, trois, cinq, dix. Ah! malheur! les prix lui échappent! Il siffle, jette du grain sur le plancher, lâche la femelle, qui rentre et entraîne (et encore pas toujours) son têtu de mâle qui est constaté, mais hors des prix.

Voilà les dernières ressources épuisées! la prochaine fois, il ne fera pas moins d'un quart d'heure de toit et si vous engagez encore ce pigeon au concours, vous ne pouvez plus répondre de lui.

Examinons les causes et les remèdes à cet état de choses.

Le pigeon est d'une nature très craintive. Il s'effraie d'un rien et quand vous le poursuivez, par exemple, dans un pigeonnier assez vaste où il est difficile de le saisir, sa frayeur est telle qu'il est haletant, essouflé et beaucoup plus démonté que lorsqu'il rentre d'un voyage de 300 à 400 kilomètres. Tous les amateurs ont constaté ce fait.

Il est donc absolument certain que lorsqu'à la rentrée d'un concours, on le saisit vivement, et que de vos mains il passe à celles du coureur, puis du délégué, il en éprouve une crainte extraordinaire qui le paralyse et l'immobilise sur votre toit à la rentrée suivante.

Ce n'est pas d'être pris à son retour avec ménagements dans sa case ou sur ses œufs, qu'il s'effraye. Il connaît cela et l'habitude lui fait même une seconde nature. C'est la course vertigineuse en sac qui le gâte, et c'est elle qu'il faut à tout prix éviter.

Aujourd'hui que l'on a plus qu'à le prendre doucement et lui enlever la bague en caoutchouc qui porte ses numéros, marques et contremarques pour la faire parvenir au délégué, aux lieu et place du pigeon, pour la déposer dans le constateur, il ne fait plus le toit.

Qu'est-ce qui fait rentrer le pigeon et qui accélère sa vitesse ? Ses œufs, ses jeunes et sa femelle. Dès qu'il est rentré, on rompt ce charme, on le prive de ce qu'il recherche, on lui enlève brutalement ce qu'il désire.

Il ne faut pas croire ceux qui prétendent qu'il existe ceci ou cela pour activer la rentrée, un spécifique, une panacée qui sont le secret de quelques rares amateurs.

Pur chantage ! Toute leur science consiste à sacrifier une minute, s'il le faut, pour laisser au pigeon la satisfaction du retour, et le temps de boire, de manger ou d'aller retrouver le nid de ses amours. Voilà leur secret.

Ils retrouvent bien les minutes perdues lorsqu'au bout de quelques concours, alors que les trois quarts des pigeons sont gâtés, les leurs rentrent de suite et enlèvent les prix.

J'oubliai de citer un moyen d'attraction qui a aussi son importance.

Lorsqu'on met un pigeon au concours le samedi pour un lâcher de dimanche à la première heure, il sera bon de le prendre au pigeonnier vers deux heures de l'après-midi, et de ne plus lui servir qu'à boire. Bien qu'on ait coutume de dire que ventre affamé n'a pas d'oreille, je vous assure que votre pigeon en aura pour entendre la cloche ou le coup de tamis ou le sifflet du maître procédant à la distribution habituelle.

Il y a aussi des pigeons qui ont la manie de tourner longtemps autour du pigeonnier avant même de se poser. Il faut les mettre en panier deux jours avant le départ et les y nourrir comme au pigeonnier. Si c'est un mâle on le remettra un quart d'heure au pigeonnier avant le départ, et surtout pas de caresses. Permettez-lui de saluer sa femelle, de la poursuivre, de roucouler, mais rien de plus, entendez-vous bien. On ne doit rien perdre de sa vapeur.

Il faut beaucoup d'adresse et de science pour tirer parti de l'amour et de la jalousie d'un pigeon. S'il en est qui sont passés maîtres dans l'art, ce n'a pas été du premier coup.

Pour les jeunes amateurs, le mieux est d'éviter autant que possible de contrarier le pigeon et de l'effrayer outre mesure à sa rentrée.

Qu'ils aient soin de ne jamais lâcher au local de la société les pigeons qu'ils ont fait constater. Ils doivent les reporter au pigeonnier le plus tôt et le plus doucement possible.

Beaucoup de petits essais, quelques tours de paniers, la semaine qui précède un concours, font bien aux pigeons qui rentrent difficilement. Et surtout qu'on ne prenne jamais les pigeons en mains au retour des essais sous prétexte qu'on doit vérifier les numéros des premiers rentrés. Les pigeons réclament beaucoup de tranquillité.

On aura toujours un petit dessert à leur servir après chaque essai. On ne saurait trop attirer le pigeon et lui faire comprendre qu'une récompense l'attend à son retour.

Le nouveau mode de marquage Rosoor dispense les amateurs de courir avec leurs pigeons. Si leurs pigeons font encore du toit, c'est que les amateurs le veulent bien; ils ne doivent s'en prendre qu'à eux-mêmes.

En juillet-août ont lieu les voyages aux longs cours, période intéressante au plus haut degré.

Les amateurs qui tiennent aux couvées des pigeons qu'ils engagent, ont soin d'en confier les œufs à des sujets qui ne quittent pas le pigeonnier, et de leur en passer d'autres dont ils font fi.

Quand le mâle est absent un jour, deux jours, la femelle tient le nid; mais le troisième jour elle l'abandonne généralement.

Voici le moyen d'empêcher le mâle ou la femelle d'abandonner ses œufs pendant que l'un des deux est en voyage pour deux ou trois jours.

Il arrive souvent qu'ennuyé de couver trop longtemps, le pigeon abandonne les œufs. Dès qu'on s'apercevra de cette fatigue, on aura soin de prendre le pigeon et de le mettre en panier. Puis on passera ses œufs sous une couveuse jusqu'au retour de l'absent. Alors on remettra le pigeon dans le colombier, il courra sur les œufs qu'on aura préalablement replacés dans le plateau.

C'est le système homœpathique : on guérit le mal par le mal, puisqu'on s'assure que le pigeon reprendra le nid, en l'enlevant de ses œufs.

Quant aux femelles qui ont un jeune de dix ou quinze jours, c'est bien autrement grave. Les mâles ne sont pas d'une heure ou deux en panier, qu'un abominable scandale désole le pigeonnier. L'infidèle, avec des airs provocateurs, agace les mâles, les sollicite, et finalement, pour ne pas être en reste de courtoisie, ces Adam, auxquels de nouvelles Eve ont tendu la pomme, y mordent un bon coup, trouvent le fruit délicieux et se le partagent fraternellement. Pendant ce temps-là, le mâle est en panier qui meurt d'envie de reprendre au plus tôt sa place à côté de sa fidèle compagne !

Si vous tenez à la pureté d'un croisement, il faut absolument mettre la femelle sous les verroux, pendant que le mâle est en route, sans quoi, elle vous jouera la farce.

Et vous ne la délivrerez pas avant que le mâle n'ait retrouvé toute son ardeur et assez de vigueur et de volonté pour chasser les maraudeurs qui tenteraient de braconner sur ses terres.

Car il arrive souvent qu'après une longue étape, le pigeon, très fatigué, est beaucoup plus prêt à dormir et à se reposer qu'à utiliser ses droits maritaux. Si vous relâchez la femelle, il ne s'en préoccupera pas et vous en aurez dix contre un qui se présenteront pour suppléer à son insuffisance.

Attendez donc que la Nature lui ait rendu ses feux.

· CHAPITRE IX.

Les pigeons aux champs et à la rivière.

Dès que l'on coupe les blés, certains colombophiles cessent de donner à manger à leurs pigeons, les uns par mesure d'éducation, les autres par esprit d'économie.

Pourquoi les oblige-t-on à glaner les grains tombés de la gousse trop mûre ? afin de les habituer à se sustenter en route, quand ils sont engagés dans des concours lointains, et pour qu'ils ne périssent pas, faute de savoir trouver leur nourriture et qu'ils ne se jettent pas dans des pigeonniers étrangers, d'où ils sortent rarement.

L'amateur colombophile oblige ainsi ses pigeons à prendre un exercice salutaire au moment où la mue le prédispose plutôt à l'inaction.

Toutefois, il y a une limite à ces exercices, et c'est le cas d'examiner ici quel est, du repos et de l'exercice, l'état qui favorise le plus leur bonne mue.

L'un et l'autre sont nécessaires, et c'est à l'amateur de juger, suivant l'état atmosphérique, ce qui est préférable.

Par un temps sec, il faut faire voler les pigeons qui muent.

Par la pluie, le brouillard ou la bise, il est sage de les laisser au pigeonnier, et même là, il faut éviter les vents coulis, les courants d'air, principalement la nuit.

Evitez l'humidité dans le colombier afin de n'être pas exposé aux maladies d'aile.

Voici les précautions élémentaires qui doivent régler le changement de vie chez le pigeon, au moment où on l'oblige à faire le champ et à se purger avec le nouveau grain.

Lorsque les pigeons ne sont jamais allés aux champs chercher leur nourriture, on doit ordinairement les attirer par artifice. Le moyen à employer est fort simple : on les laisse à jeun en supprimant la distribution de graines pendant deux jours, on les place ensuite dans des loges en osier, et dans cet état on les transporte au milieu du champ où l'on veut les attirer. Les loges placées à terre on y jette des graines, en même temps qu'on en répand sur la terre, principalement devant les ouvertures des paniers.

Aussitôt que les pigeons sont occupés à manger dans l'intérieur, on ouvre discrètement les portes des loges, et on s'éloigne rapidement pour aller se cacher derrière une haie ou quelque broussaille, en ayant soin de ne faire aucun bruit. Les pigeons non effarouchés et surtout retenus par la faim sortent l'un après l'autre, ramassant les grains autour des loges, mangent ensuite ceux produits par les champs, et ainsi ne tardent pas à se disséminer dans la campagne ; quand ils sont rassasiés, ils s'envolent. Le lendemain, on répète la même opération, on ferme le pigeonnier, dont il est bon de ne plus approcher pendant quelques jours, et l'on est certain que la faim les pressant de rechef, ils ne manqueront pas de retourner au champ où on les a portés.

L'année suivante, il suffira ordinairement de les affamer pour qu'ils y retournent d'eux-mêmes, et que les jeunes qui n'y ont jamais été portés, soient même entraînés par les vieux ; mais il est bon cependant de tenir l'œil à la conduite des jeunes et même de quelques vieux qui se laissent parfois périr d'inanition avant que de comprendre où est le remède à leur faim dévorante ; ils entrent dans une espèce de fièvre qui les fait courir çà et là, les ailes étendues et traînantes et dans un tel état d'accablement, que même entraînés aux champs dans cet état ils ne pourraient ramasser la graine.

Un tel cas se présentant, il faut, le soir, prendre ces épuisés, leur donner à part une bonne ration, continuer ce traitement pendant quelques jours, et l'on peut être certain que la fièvre étant disparue ils s'envoleront un matin avec le gros de la bande, et feront leur service aussi bien que les plus habiles.

Les pigeons retournent ordinairement chaque année aux mêmes campagnes où on les a primitivement portés.

Il est par conséquent avantageux de faire un bon choix dans les différentes directions.

La meilleure sera celle où il y aura le plus de nourriture, le moins d'épervier et le plus d'urbanité chez les campagnards. La plus dangereuse, quant aux éperviers, sera celle entre_coupée de haies ou renfermant des massifs d'arbres ; car ceux-ci servent de repaire aux oiseaux de proie, et les haies les aident admirablement pour se glisser à fleur de terre, escalader subitement ces clôtures et tomber à l'improviste sur les pigeons occupés à manger et surpris par un ennemi invisible ; c'est un cas où l'épervier manque rarement son coup.

Est-il nécessaire d'habituer les pigeons à s'abreuver à la rivière et quels sont les avantages qu'on peut en retirer ?

Nous pensons que le pigeon doit trouver sa boisson dans le pigeonnier, et que l'obliger à l'aller chercher à la rivière, c'est lui créer des habitudes de vagabondage contraires aux goûts que nous devons lui inspirer.

La qualité des eaux de rivière, qui charient souvent tous les poisons de l'industrie, est très discutable au point de vue hygiénique. D'autre part, il faut que le pigeon, pour lutter de vitesse et enlever les premiers prix, ne perde pas une minute en route. Si on l'a habitué à boire à la rivière, à la moindre alerte il s'abattra sur les champs pour étancher sa soif, tandis que son compagnon continuera son chemin, certain qu'il est de trouver au terme de son voyage tout ce qu'il désire au pigeonnier.

Le pigeon qu'on n'engage que sur des parcours de 300 et 400 kilomètres n'a nullement besoin de savoir manger et boire en cours de route. Ces luttes durent quatre et cinq heures ; le pigeon n'est pas pour si peu sur les dents.

Nous faisons exception pour les pigeons de longs cours, auxquels on impose des courses de 700 et 800 kilomètres. Ceux-là ont souvent besoin de réparer leurs forces dans la campagne lorsqu'ils n'arrivent au terme du voyage qu'au bout de deux et trois jours. On pourra, par acquit de conscience, les habituer à s'y restaurer.

Mais c'est leur rendre mauvais service. Pour le pigeon-voyageur, la terre doit être de feu ; il ne doit pouvoir ni vouloir s'y poser, quand il concourt, aussi longtemps qu'il a la force de voler.

Il est certain qu'il doit lui être moins pénible de continuer sa route au prix des plus grands efforts que de la reprendre une fois qu'il s'est posé sur un toit.

Tous ceux qui ont fait campagne savent bien que dans les marches forcées, coupées de haltes plus fatigantes encore, le soldat qui s'assied sur le bord de la route pour se reposer quelques instants n'a plus la force de se relever et de rejoindre la colonne. Il faut rester debout toujours, debout quand même et ne se jeter sur le dos qu'au bout de l'étape. Il en est de même du pigeon.

Et puis à quoi bon exposer le pigeon aux coups de feu de chasseurs indélicats, aux cailloux d'enfants sans pitié, aux griffes des oiseaux de proie ?

Donnons-lui le plus de bien-être possible au pigeonnier afin qu'il l'aime et de peur qu'il ne contracte des habitudes de maraudage, qui en feront bientôt un traînard.

CHAPITRE X.

La Mue.

En août, les pigeons sont en pleine mue ; la plupart n'ont plus à laisser tomber que les trois ou quatre dernières grandes pennes ; après quoi la mue reprendra en sens inverse au milieu de l'aile les remiges secondaires qui tomberont une à une. Quand ces pennes seront presque renouvelées, la mue s'attaquera aux petites plumes qui couvrent les ailes, et finira par le cou et la tête.

Le pigeon se trouvera dès lors complètement renouvelé.

Le pigeon ne revêt pas sa nouvelle livrée sans payer son tribut à la Nature. C'est pour lui une période critique dont l'amateur peut cependant éviter les dangers.

Le pigeon dont la mue se trouve contrarié devient triste, et les plus terribles maladies se le disputent. Aussi le véritable amateur ne peut-il trop surveiller ses pigeons en ce moment, car c'est préparer les succès de l'an prochain. Vous ne ferez rien d'un pigeon qui n'aura pas mué parfaitement. Aussi, pour s'en assurer les vieux amateurs coupent-ils le bout des dernières grandes pennes et des plumes de la queue.

Une fois la mue commencée, l'élevage doit être arrêté. Dans ce but, on enlèvera ou on fermera les cases et le pigeonnier sera bien garni de perchoirs.

Les amateurs colombophiles, cela fait, se divisent en deux camps. Les uns font battre les champs, les autres continuent à nourrir en modifiant la nourriture.

Certes, c'est une bonne chose que d'obliger le pigeon à faire le champ. C'est un exercice salutaire qui lui rend sa vigueur et lui procure une nourriture variée, telle que nous n'arriverions pas à la composer.

Mais cette méthode n'est pas exempte de dangers ; il est rare qu'on ne laisse pas quelques belles plumes sur les champs, soit que les chasseurs ou les éperviers les tuent, soit qu'ils soient empoisonnés. Il faut, lorsqu'on oblige ses pigeons à faire le champ, arrêter l'élevage au bout d'une semaine, ou ne leur laisser tout au plus qu'un jeune ; car si le pigeon devait aller aux champs continuellement pour apaiser la faim de sa couvée et se nourrir lui-même, il en éprouverait une telle fatigue que sa mue s'en ressentirait et qu'il lui resterait de vieilles plumes pour l'année suivante. Ce serait l'exposer à la maladie et sûrement aux insuccès. D'un autre côté, la mue s'arrête chez le pigeon qui nourrit, et la retarder c'est risquer de la compromettre.

Si certains amateurs laissent élever pour que le pigeon, restant plus longtemps sur ses plumes, puisse prendre part aux concours de fin de saison, ils ont tort. Mieux vaut sacrifier quelques prix plutôt que de compromettre la santé de ses pigeons.

Qu'on reprenne l'élevage quand la mue sera terminée, fin septembre, soit ; les jeunes d'arrière-saison ne sont généralement pas à dédaigner. Leur mue est plus tardive et cela vient à point dans les concours de juillet et août.

La seule infériorité qu'on puisse leur trouver, c'est que leur mue souvent arrêtée en hiver reprend au printemps et qu'alors, muant à deux endroits de l'aile, ils ne peuvent être engagés dans les concours.

C'est à l'amateur à juger s'il élèvera en arrière-saison. C'est une ressource pour ceux qui ont été très éprouvés dans les voyages de jeunes ou qui n'ont pas eu de chances avec leurs premières couvées.

Quant à ceux qui pendant la mue continuent à nourrir, ils doivent soumettre les pigeons à un régime sévère.

La nourriture peut rester ce qu'elle était, toujours très saine et autant que possible additionnée de nouveau blé ou de graine de lin.

Il est aussi recommandé de leur servir du pain qu'on a préalablement trempé dans l'eau et pressuré. On y mélangera un peu de sel de cuisine.

On aura également soin de leur donner de temps en temps un bassin d'eau pour se baigner.

Avec ces précautions élémentaires, la mue suivra son cours normal et le pigeonnier sera bien d'aplomb pour l'année suivante.

En septembre, tous les pigeonniers dont les sujets jouissent d'une bonne santé sont jonchés de plumes, absolument comme si l'on y avait crevé un édredon.

Les vieux pigeons sont à leur dernier couteau, le plus pénible à renouveler. Il est assez facile de différencier les vieilles pennes des nouvelles ; celles-ci sont fraîches, plus foncées et luisantes ; celles-là ternes, sèches et défraîchies.

Les amateurs qui n'ont pas eu la précaution de numéroter leurs pigeons sur les nouvelles plumes avant la chute des vieilles auront quelque peine à s'y retrouver, s'ils ne connaissent pas très bien tous leurs pigeons. Il est toujours bon, lorsqu'on a un grand nombre de voyageurs, de les numéroter sur les nouvelles plumes avant qu'ils ne perdent celles qui ont été marquées la saison dernière.

Bien que les pigeons ne soient guère beaux avec leur tête et leur cou dégarnis, on éprouve une grande satisfaction à les examiner ; c'est l'indice d'une bonne mue ; on peut déjà prédire qu'ils seront en ordre pour l'année prochaine.

Les jeunes d'arrière-saison prennent un beau développement, par le temps magnifique dont nous gratifie l'automne.

Deux choses sont assez remarquables : la première, c'est qu'on perd ces jeunes beaucoup plus facilement que ceux du printemps, la seconde qu'ils s'élèvent mieux que les premières couvées de l'année.

Le premier cas se présente particulièrement chez les pigeons qui vont aux champs. Les jeunes, sortis du nid, suivent leurs parents sur le toit pour se faire nourrir ; il arrive, lorsque la faim les tourmente, qu'ils les suivent jusqu'aux champs ; là, égarés dans plusieurs bandes, ils s'envolent avec l'une ou l'autre et rentrent dans un nouveau pigeonnier. Il se peut qu'ils retrouvent leur route, mais les trois quarts du temps, c'est le contraire.

L'amateur doit éviter ces graves ennuis ; dès qu'il s'apercevra que des jeunes ont pris le toit et se sont suffisamment orientés, il les enfermera deux ou trois jours afin de les sevrer complètement, de telle sorte que s'il leur prend fantaisie de suivre aux champs les aînés, ils aient assez de forces pour les accompagner et rentrer au logis.

Les pigeonneaux d'automne, disions-nous, s'élèvent mieux que ceux de mars. Et pourtant la nourriture que les vieux rapportent des champs est loin de valoir, comme qualité, les vieilles fèves et les lourdes vesces que nous jetons aux pigeons à la veille des concours et à leur première couvée ; les graines ramassées aux champs sont humides, à peine mûres et prédisposent plutôt le pigeon au relâchement.

Il faudrait en conclure, pour être logique, que les pigeonneaux n'ont pas besoin d'une nourriture échauffante. Nos lecteurs n'auront aucune peine à s'en persuader.

Les pigeons en septembre ont perdu de leur feu et s'occupent avec plus de soins de leur progéniture, tandis qu'au printemps, ils n'ont pas plutôt des petits que les mâles poursuivent les femelles et voilà dans la même case des petits et des œufs.

D'un autre côté, le mois de septembre est plus favorable que le mois de mars. Nous avons encore une température très agréable, tandis qu'en mars nous sommes en hiver.

En septembre, bien que les jours diminuent de 1 h. 43 m. sur les 30 jours du mois, nous avons encore 12 h. 33 m. de jour sur 11 h. 27 de nuit; tandis qu'en mars le soleil fait grasse matinée et dort 12 h. 11 m. pour ne veiller que 11 h. 49.

Le soleil se lève en septembre à 5 h. 18 et se couche à 6 h. 40; au 1er mars il sort de ses draps à 6 h. 43 m. et y rentre à 5 h. 42. Le paresseux !

Les pigeonneaux reçoivent donc leur premier repas 1 h. 25 m. plus tôt qu'en mars et absorbent, le dernier, une heure plus tard.

Octobre et novembre nous réservent encore l'été de la

St-Martin ; Avril nous amène la lune rousse qui nous donne toujours ou du temps sec et du soleil avec de la gelée et des nuits terribles qui ravagent nos couvées, ou du temps humide sans soleil qui engourdit les pigeonneaux dans leurs boulins.

Tout semble donc à l'avantage de l'automne.

CHAPITRE XI.

La revision.

Novembre est le mois où beaucoup d'amateurs, passant une inspection minutieuse de leurs sujets, mettent à la réforme ceux qui laissent à désirer.

Cette revision s'opère avant l'hiver. A quoi servirait de nourrir inutilement pendant six mois des pigeons dont on n'est pas certain et qui, après deux ans de patience, n'ont rien fait ?

On doit apporter à cette élimination un soin méticuleux, afin de ne pas faire disparaître dès pigeons d'avenir. Et celui-là pourra seul avoir la main sûre qui aura dirigé attentivement son pigeonnier.

Ce discernement devient très difficile dans un colombier encombré. Comment veut-on qu'il soit possible de bien conduire et d'observer cent ou cent cinquante pigeons, alors qu'il faut déjà bien du temps pour en suivre un seul ? Nous ne contestons pas que ces amateurs ne puissent avoir d'excellents sujets, mais il est très probable que sur cent cinquante pigeons, il n'y en a pas la moitié qui marche.

Quarante pigeons c'est déjà beaucoup, mais enfin ce n'est pas exhorbitant; en tout cas c'est plus qu'il n'en faut pour passer l'hiver.

On prendra chaque pigeon dans un panier de façon à le voir sur toutes ses faces.

Puis, s'aidant des notes prises dans le courant de l'année, on se rendra compte de ce qu'il a fait, de sa vitesse et de sa régularité.

Si l'examen n'est pas à son avantage, il faut le juger sévèrement. Un pigeon qui marche assez bien ne vaut rien pour les concours. On ne doit plus conserver que des voyageurs qui ne ratent jamais, ou rarement.

C'est aussi le moment de s'assurer si les pigeons finissent

bien leur mue. Nous recommandons incidemment à ceux qui ont l'habitude de faire voler leurs pigeons, de les laisser, à ce moment, bien tranquilles.

Le dernier couteau est pénible à muer ; lorsque le pigeon vole, vous entendez un sifflement qui vous indique à quel point il en est de sa mue. Le pigeon aime alors le repos : remarquez bien qu'il reste plus volontiers sur son perchoir et ne se livre pas comme d'habitude à ses ébats.

Si vous le prenez, il vous glisse entre les mains ; ses plumes laissent sur vos vêtements une espèce de savon blanchâtre ; c'est un indice certain de son parfait état de santé.

Il ne doit être ni gras, ni maigre, et pas plus amoureux que malade. C'est à vous de distribuer le grain selon les besoins du moment. Le nouveau blé et l'orge mélangés de graine de lin, composeront les repas, et la ration, de 40 à 45 grammes qu'elle était à l'époque des concours, sera, suivant l'état du thermomètre, de 25 à 30 grammes par jour et par pigeon.

Ainsi conduit et muant bien, le pigeon doit être en ordre. S'il ne l'est pas, la campagne prochaine est compromise.

C'est à l'amateur à tenir compte de toutes ces observations en faisant son triage.

Nous le répétons, il ne doit passer sur rien, et mieux vaudrait faire disparaître deux excellents pigeons par excès de sévérité que d'en conserver par faiblesse un mauvais, qui abatardirait le pigeonnier.

En supposant que vous réduisiez de moitié votre pigeonnier, il n'y aurait pas encore péril en la demeure.

Un vieux proverbe dit que celui-là mal étreint qui trop embrasse ; par conséquent, on peut en déduire que moins on a de pigeons, plus on y voit clair.

———

CHAPITRE XII.

L'hiver.

Comment faut-il conduire son pigeonnier pendant les mois rigoureux de l'hiver? c'est la question que nous allons étudier.

Faut-il séparer ses pigeons durant quelques mois ou quelques semaines de l'hiver ?

Les avis sur cette question sont partagés; serait-elle tranchée pour nos contrées du Nord qu'elle se trouverait modifiée par suite de l'étendue du territoire Français; les Belges peuvent bien, sur de pareils sujets, adopter une uniformité de vues, car leur pays a peu d'étendue et ce qui est vrai pour une province l'est pour une autre.

Tandis qu'en France, la différence de température fait qu'on ne peut traiter les pigeons à Toulon, Marseille, Bayonne et Bordeaux comme nous le faisons dans le Nord. Il y a donc chez nous plus de marge que partout ailleurs.

A notre avis, qui est également celui d'amateurs expérimentés auxquels nous avons soumis cette question, les amateurs du Midi ont tout à gagner à séparer leurs pigeons, tandis que cette séparation ne s'impose pas aux amateurs du Nord.

Nous partons de ce principe qu'une température douce et un régime tonique exercent sur les pigeons la même influence, en stimulant l'un et l'autre leur ardeur.

Le Midi doit compter avec la température. Comme les amateurs n'y peuvent régler au gré de leurs désirs le thermomètre, la séparation des pigeons s'impose.

Personne ne contestera que les méridionaux ne soient plus bouillants, plus ardents, plus passionnés que les gens du Nord.

Les pigeons ne sont naturellement pas les derniers à suivre cette gamme, et pour éteindre leurs feux, toujours attisés par une température printanière, il faudrait leur imposer des jeûnes qui délabreraient leur santé.

Le seul moyen de leur rendre un peu de sagesse et de calmer cette ardeur est d'enlever aux mâles leur compagne, ou mieux d'enlever les mâles aux femelles.

Si les amateurs du Midi veulent imposer le repos à leurs pigeons, de manière à pouvoir jouer dans de bonnes conditions les concours de juillet, nous ne pouvons leur donner de meilleur conseil que de séparer les pigeons pendant les mois de décembre et de janvier. Et pour ne rien brusquer et ne pas faire dégénérer cette abstinence en une maladie, ils auront soin de les y préparer, en diminuant les rations pendant le courant de novembre et en leur administrant une purge générale. La séparation sera moins pénible; il faut éviter toujours de contrarier un pigeon, de n'importe quelle façon; car souvent en lui faisant violence on le gâte.

Il faudra ne laisser sortir que les mâles et retenir les femelles, qui, moins fidèles, se laisseraient facilement enlever par des Don Juan de passage.

S'il est vrai que le Midi n'a que la séparation pour gouvernail, nous avons, dans le Nord, la nourriture.

Plutôt prédisposé au calme par une température rigoureuse, le pigeon peut être dirigé plus facilement, et l'amateur qui le conduira en véritable connaisseur traversera l'hiver sans œufs ni jeunes. Le thermomètre est un bon guide : la ration habituelle de 35 grammes par tête et par jour, sera augmentée et même doublée par les grands froids, tandis qu'on la réduira si le temps est doux. Le thermomètre devient ici un véritable manomètre, et c'est au moyen des rations journalières qu'on gagnera ou qu'on perdra une atmosphère.

Ainsi menés, les pigeons n'auront aucune velléité de produire; les mâles seront galants mais rien de plus; les femelles les enverront paître quand ils viendront leur compter fleurette.

Mais il faut être artiste pour obtenir de pareils résultats, disposer de son temps et ne pas craindre de passer une heure par jour sous les tuiles glacées du pigeonnier.

Celui qui n'en aura ni le goût, ni le loisir, devra forcément séparer ses pigeons; sans quoi, aux premiers beaux jours, il ne faudra pas qu'il s'étonne de trouver des œufs dans tous les coins du pigeonnier, et comme le pigeon laisse tomber sa première plume avec son premier jeune, il est facile de calculer qu'il sera tout à fait désarmé pour les concours de longue portée qui se donnent en juillet.

Nous n'hésitons pas à nous ranger au nombre des amateurs du Nord qui ne séparent pas les pigeons.

Pourquoi priver un pigeon de sa liberté ?

Pourquoi ravir au mâle sa compagne, sa moitié? Le rationner ce n'est en définitive qu'imiter la Nature qui impose ce jeûne aux oiseaux sauvages.

Que feriez-vous d'un cheval de sang, pendant la saison où les turfs sont fermés.

Le maintiendriez-vous dans l'écurie sans le faire sortir ?

Le nourririez-vous aussi généreusement qu'au moment où il a besoin de toute sa force et de son ardeur ?

Vous le tueriez d'un coup de sang ou vous l'engraisseriez.

Les éleveurs rationnent au contraire impitoyablement ces chevaux et les obligent à un exercice journalier, et ce régime est maintenu tant que dure la morte-saison.

J'en fais appel à mes dévoués lecteurs de la *Revue colombophile*. Si, durant la période d'hiver, on les obligeait à s'asseoir toute la sainte journée au coin du feu ? si on leur interdisait toute promenade, si on les séparait de leurs charmantes épouses, n'en deviendraient-ils pas maigres comme des clous ou gras comme des moines ?

Ils seront avec nous d'avis qu'on ne doit pas séparer les pigeons durant deux et trois mois.

Mais comme il ne faut pas être exclusif sur une question discutable, on fera bien de séparer les pigeons pendant quelques semaines avant les accouplements. Ce système permet de les ramener petit à petit à leur régime habituel et de les préparer à la reproduction, qui réclame force et vigueur.

C'est même indispensable quand on veut découpler les pigeons pour modifier les croisements.

Nous recommandons surtout aux jeunes amateurs, pressés

de se faire un colombier, de ne pas élever pendant les mois rigoureux de l'hiver. C'est transgresser les lois de la nature en même temps qu'épuiser inutilement ses producteurs pour n'en obtenir que des descendants malingres.

A tout prendre du bon côté, l'hiver a ses charmes ; c'est l'instant où chacun raconte ses prouesses ou sa deveine de la dernière campagne. On ne se voit pour ainsi dire pas pendant l'été ; chacun travaille pour son propre compte. Les fins amateurs parlent peu, il faut leur arracher les paroles. A toutes vos questions ils répondent par un oui ou un non, si vague que vous n'êtes pas plus avancés après qu'avant. La discrétion est l'arme des habiles diplomates. Ils ne s'en départissent que le jour où les dangers d'un mot imprudent ne sont plus à redouter.

C'est donc le moment d'observer et de savoir comment les forts s'y prennent pour s'assurer la victoire dans six mois. Pensez-vous qu'ils imitent les trois quarts des colombophiles qui, amants infidèles, délaissent les petits voyageurs le jour où ils ne sont plus dans leur splendeur ? Que non ! Leurs pigeons crèvent-ils de faim et sont-ils obligés de glaner leur nourriture, comme de vulgaires passereaux, sur nos places publiques sous les pieds ou, sauf votre respect, sous la queue des chevaux qui n'ont eux-mêmes que le strict nécessaire ?

Les fontaines sont-elles gelées ? leurs pigeons frappent-ils vainement du bec ce rocher de glace pour en faire jaillir la goutte d'eau qui leur est indispensable ?

Croyez-bien qu'ils rendent régulièrement visite aux hôtes du colombier. La température ne les y invite pas toujours ; on grelotte là-haut, on y trouve des rhumatismes, des bronchites et des fluxions de poitrine. Peu importe, le devoir le commande, on obéit.

C'est que la façon de conduire le pigeonnier en hiver est le secret des succès sérieux et constants ; c'est en hiver surtout qu'il est indispensable de soigner intelligemment ses pigeons. On ne doit pas les nourrir trop, comme il serait de la dernière imprudence de les priver du nécessaire. Ces deux extrêmes sont des excès à redouter, mais le second est plus désastreux que le premier.

En effet, si vous distribuez fèves, vesces, maïs, à discrétion comme en saison de concours, les mâles, chez lesquels vous provoquez une ardeur intempestive, dépenseront inutilement une somme d'énergie qu'il est préférable de mettre en réserve, mais c'est aux femelles qu'on rend le plus mauvais service : poursuivies par les mâles elles ponderont et couveront à une saison où le repos est de commande.

Quant à laisser aux caprices de sa volonté le soin de présider à l'alimentation du colombier pendant l'hiver, autant vaudrait ne plus s'en occuper du tout, car c'est le vouer à l'insuccès.

On a cité des amateurs dont les succès avaient été étourdissants et qui ne prenaient aucun soin de leurs pigeons, réduits l'hiver à manger la neige et sachant à peine tenir debout. Mais la durée de ces succès a été bien éphémère et nous a prouvé que c'était un effet du hasard. Le véritable colombophile est celui qui a tenu la tête hier, qui la tient aujourd'hui et la tiendra demain. Celui-là ne donne ni dans un travers ni dans l'autre.

Quand la température est relativement douce, il calcule sur 25 à 30 grammes par pigeon la nourriture à distribuer par jour ; s'il gèle à pierre fendre, c'est à 40 et 45 grammes par tête qu'il élèvera la ration. Il faut croire que le pigeon mange pour se réchauffer, car il a, par les grands froids, double appétit. Quand on a le ventre bien fourni, on peut aller, dit le proverbe, au vent de bise, et le proverbe a toujours raison.

Il ne manque pas d'amateurs qui accrochent un thermomètre sur la porte du pigeonnier.

Ayons donc pour nos pigeons pendant l'hiver des soins entendus ; c'est semer pour récolter.

CHAPITRE XIII.

Les maladies du pigeon.

---

1. — *La maladie d'aile.*

Presque tous les amateurs colombophiles ont eu à déplorer la perte de quelques bons sujets par le fléau que l'on désigne sous le nom de *maladie d'aile*. Voici un résumé des observations faites sur cette terrible maladie, dans la *Revue colombophile*, par un spécialiste distingué.

D'abord qu'est-ce que la maladie d'aile, et comment se remarque-t-elle ?

Nous laissons à ceux qui désirent avoir des détails complets sur la nature intime de la maladie, le soin de consulter les auteurs qui se sont occupés spécialement des maladies des pigeons, tels que Chapuis et La Perre De Roo qui traitent de la maladie de l'aile au chapitre *Arthrite*.

La maladie de l'aile est, suivant ces auteurs, une arthrite, c'est-à-dire une inflammation aiguë ou chronique des tissus qui composent une articulation. Cette affection ressemble donc un peu au rhumatisme ; elle en diffère cependant par le développement des phénomènes inflammatoires sur une seule articulation.

Au début de la maladie, le pigeon est triste, sombre ; il se retire dans une case obscure, ne vole sur un perchoir que si on l'y force, ce qui se comprend d'ailleurs à cause de la douleur qu'il en ressent.

Il continue cependant à manger, et malgré cela maigrit rapidement.

Lorsqu'on le force à voler, aussitôt reposé, l'aile attaquée est un peu pendante et tremble légèrement pendant quelques secondes. Alors si l'on prend le pigeon pour examiner attentivement l'aile malade, on voit une artère qui bat vivement ; elle est violacée et on perçoit une chaleur anormale. Il est temps de soigner le sujet si on veut tenter de le guérir.

Bientôt on voit se former à l'une des jointures une petite grosseur produite par un épanchement séreux. A ce moment le pigeon se trouve dans l'impossibilité de voler ; il a l'aile traînante, maigrit de plus en plus, bien que mangeant toujours, il souffre beaucoup. Cet état dure plus ou moins longtemps et et tantôt la résolution et la résorption s'opèrent, tantôt la suppuration apparaît et dans d'autres cas la phlegmasie devient chronique.

Quand il y a résolution et résorption du liquide, le sujet guérit et on cite des cas de pigeons ayant eu la maladie de l'aile et ayant postérieurement remporté des prix sur des concours de 800 kilomètres ; mais il faut se persuader que c'est l'exception ; ordinairement il y a suppuration ou la phlegmasie devient chronique.

Quand il y a suppuration, le traitement est tout indiqué ; il faut ouvrir la grosseur, faire écouler le pus et achever par un pansement antiputride. Enfin quand, la maladie ayant suivi son cours, la phlegmasie est devenue chronique, le sujet peut encore voler quelquefois, mais il conserve une raideur dans le membre attaqué et c'est à peine s'il reste propre pour la reproduction, comme nous verrons plus loin.

Ceci dit, voyons maintenant comment se produit la maladie de l'aile, quelles en sont les causes probables et les moyens que l'on peut employer avec quelque espoir de succès pour l'éviter.

J'ai souvent entendu les jeunes amateurs, et c'est pour eux que j'écris, me poser ces diverses questions :

1° *La maladie de l'aile vient-elle d'un excès de voyage ?*

2° *Est-elle contagieuse ?*

3° *Est-elle héréditaire ?*

4° *Provient-elle de la nourriture ?*

Je vais essayer de répondre à ces diverses questions non pas en formulant une opinion, mais toujours en résumant les observations que j'ai faites depuis quelques années.

1° Les excès de voyages ne peuvent être la seule cause de la maladie de l'aile, car dans ce cas elle ne se rencontrerait que sur des sujets ayant beaucoup voyagé, et j'ai pu constater l'affection chez de jeunes pigeons encore au nid, et chez d'autres ayant à peine fait quelques voyages d'entraînement. J'ai vu aussi des pigeons de deux ans, n'ayant jamais voyagé, être attaqués par cette maladie.

2° Cette maladie ne paraît pas plus de nature contagieuse, bien que voici une observation qui ferait supposer le contraire :

En 1882-83, je n'avais pas un pigeon malade dans mon pigeonnier ; en 1884, un ami me donna, pour la reproduction, un pigeon qui avait obtenu plusieurs premiers prix et qui, à la suite de ses succès, avait été atteint de la maladie de l'aile. La phlegmasie était devenue chronique. Ce pigeon fut introduit chez moi au mois de mars.

Vers le commencement de juillet, j'ai remarqué que deux autres pigeons, l'un de deux ans ayant fait un voyage de 200 kilomètres, l'autre de un an n'ayant pas voyagé, avaient la maladie.

L'année suivante, c'était le mâle même que j'avais accouplé avec le pigeon malade qui était attaqué en même temps que quelques autres.

Mais il faut avouer que le 'mâle dont il est question avait beaucoup voyagé cette année et par mauvais temps. Malgré ces observations qui tendent à faire admettre la maladie d'aile parmi les affections contagieuses, je ne puis y croire, et je dois attribuer à d'autres causes ces coïncidences fâcheuses.

3° Quant à l'hérédité, je crois qu'elle joue un grand rôle, surtout chez les sujets qui sont atteints pendant leur première jeunesse. Elle prédispose les élèves à la maladie. Je citerai l'observation faite en 1884. Sur six jeunes pigeons élevés par une mère ayant eu la maladie, quatre l'ont eue, étant tout jeunes, et chez deux autres elle s'était déclarée dès les premiers voyages. En 1885, je n'ai pu élever qu'un jeune et je l'ai perdu aux premiers entraînements.

Je pourrais multiplier ces exemples.

4° La nourriture joue aussi un grand rôle sur la santé des pigeons. Si l'on considère que tout l'été nos pigeons sont nourris copieusement et que la nourriture abondante qui leur est donnée est très échauffante, on comprendra facilement que la santé de ces oiseaux, sur la fin de la saison surtout, laisse à désirer et que leur organisme se trouve dans les conditions les plus favorables pour contracter cette maladie, et l'arthérite du pigeon ne serait que la manifestation locale d'un état morbifique général.

De plus tous les pigeons d'un même colombier étant soumis au même régime, on s'expliquera comment cette maladie fait quelquefois une brusque apparition et paraît épidémique.

En résumé, je crois que la maladie de l'aile provient :

1° de l'hérédité ;

2° d'une nourriture trop copieuse et surtout échauffante ;

3° de l'installation du colombier dans un endroit humide.

Si, à ces trois causes, qui prédisposent le sujet à la maladie, vous ajoutez la fatigue des membres pendant les voyages souvent répétés et surtout lorsque le pigeon doit lutter contre le vent du Nord, fatigue qui développe la maladie pour ainsi dire à l'état latent, vous pourrez, je crois, expliquer tous les cas de maladie de l'aile dans un pigeonnier.

En conséquence, les meilleures précautions à prendre pour prévenir la maladie, c'est de rafraîchir les pigeons soit en leur mettant dans leur boisson un peu de nitre, soit en leur donnant de la graine de lin, mais surtout en leur faisant avaler de temps en temps et principalement le lendemain d'un long voyage laborieux, deux pilules purgatives, ce qui évitera aussi le *niflé*.

Je ne saurais trop conseiller, à la fin de chaque saison, de forcer les pigeons à chercher leur nourriture dans les champs. Ils savent bien choisir les plantes et les graines qui sont le plus convenables pour rétablir leur santé défaillante.

2. — *Le Coryza ou Niflé.*

Le niflé n'est pas une maladie spéciale aux pigeons. Dans les grandes villes, cette affection se rencontre plus souvent chez les poules.

Qu'est-ce donc que ce fléau des pigeonniers et des basses-cours et quels en sont les symptômes ?

La Perre De Roo appelle le niflé, *Coryza* contagieux, et dit qu'il existe une grande analogie entre cette maladie et le rhume de cerveau.

D'après M. Tegetmeier, le niflé, qu'il appelle aussi *roupie*, attaque seulement les muqueuses qui tapissent l'intérieur du bec et des fosses nasales. Il est causé, dit-il, par le froid et l'humidité, et c'est surtout pendant les voyages, alors que les pigeons sont exposés aux courants d'air et aux intempéries, qu'il se déclare.

Que le niflé soit une maladie qui ressemble par ses symptômes au Coryza, je veux bien l'admettre. Je conviens aussi que le froid et l'humidité, etc., puissent développer cette maladie, mais ce n'est pas là la principale cause de son apparition.

En effet, les rhumes sont bien plus fréquents en hiver que pendant la saison chaude, et c'est surtout en été que nos voyageurs sont tourmentés par le niflé ; vers l'automne, au contraire, il tend à disparaître de tous les colombiers pour reparaître l'année suivante avec les premières chaleurs.

Le jeune amateur qui se trouve pour la première fois en présence de cette calamité se croit pendant l'hiver debarrassé pour toujours, et bien que les anciens colombophiles, rompus au métier, essayent quelquefois de lui enlever ces douces espérances, il n'y croit pas et appelle avec impatience le moment des luttes pour reconquérir, parmi les lauréats, une place qu'il croit n'avoir perdue que momentanément. Il vaudrait mieux pour lui que l'hiver s'écoulât lentement, ce qui serait peut-être un bon remède contre la maladie et cela lui procurerait certainement l'avantage de pouvoir s'endormir plus longtemps dans de douces illusions ! Hélas, que de déceptions l'attendent au printemps suivant ! Le plus souvent, en effet, le niflé est très rebelle, et dans un pigeonnier infecté, il reparaît chaque année vers le milieu du mois d'avril, c'est-à-dire lorsque les premiers jeunes de l'année commencent à grandir. Ce ne sont pas les vieux qui sont attaqués les premiers, les jeunes ont toujours ce désavantage et il en est peu qui soient préservés.

La maladie de l'aile est un bien terrible ennemi de nos voyageurs, mais, à mon avis, le niflé est encore bien plus dangereux. La maladie de l'aile est franche, elle attaque un sujet et le met immédiatement dans l'impossibilité de concourir. Le niflé est hypocrite, si je puis m'exprimer ainsi, il agit en cachette ; le jeune amateur ne s'aperçoit pas immédiatement de son invasion. Le pigeon vole encore sans malaise apparent, et l'amateur ainsi trompé engage quelquefois ses meilleurs sujets sans savoir qu'il expose inutilement et son enjeu et ses pigeons, qui pour la plupart ne reparaîtront plus.

Les premiers signes de la maladie ne sont pas toujours bien apparents, et il ne manque pas d'amateurs, même anciens, qui ne s'en aperçoivent pas de suite. Il en est d'autres au contraire, qui, au premier coup d'œil, sans même s'emparer d'un pigeon, reconnaissent qu'il est malade.

Quand le niflé se déclare dans un pigeonnier, les sujets conservent leur gaieté, ils mangent avec appétit et on les entend simplement éternuer plus fréquemment et plusieurs fois successivement. Si en ce moment l'amateur veut prendre la peine d'examiner attentivement le malade, il verra ses yeux larmoyants ; les paupières sont tuméfiées, les fosses nasales sont fortement humides, et si on les presse de façon à en faire sortir les matières qui s'y trouvent, le pigeon éternue de nouveau comme s'il en était forcé par un chatouillement. En même temps, il sort une matière gluante, une espèce de muco-pus, mais en petite quantité.

Si l'amateur avait alors la précaution de donner à chacun de ses pigeons, le matin, pendant deux jours consécutivement, deux pilules préventives, il éviterait presque certainement le développement du niflé.

Il ne faut pas cependant croire qu'un pigeon a le niflé parce qu'il tousse quelquefois. Il arrive bien souvent qu'un pigeon éternue après qu'il a bu, surtout si l'amateur met dans l'abreuvoir du sulfate de fer, appelé aussi coupe-rose vert ou vitriol vert. Je connais certains colombophiles qui employent ce moyen pour éviter le niflé, je crois que c'est très bon contre la diarrhée, mais peu efficace contre le niflé.

Vers les mois de juillet et août, alors que la mue s'accentue, l'air du pigeonnier tient en suspens du petit duvet, qui s'introduit dans les fosses nasales du pigeon, s'y colle et provoque des éternuements; on voit alors le pigeon essayer d'enlever cet obstacle avec sa patte et tousser quelques coups. Evidemment, il n'a pas pour cela le niflé.

Donc ce qui caractérise le début du niflé, ce sont outre les éternuements, le larmoyement, le gonflement des paupières et la mucosité dans les narines.

Si on laisse la maladie suivre son cours, au bout de trois ou quatre jours les caroncules perdent leur blancheur, il se forme au-dessus une sorte de croûte très mince, la chaleur devient plus forte, ce qui dénote une augmentation d'inflammation, l'écoulement du nez devient plus abondant, plus épais, le pigeon respire difficilement et se débat quand on lui ferme le bec, il perd sa gaieté, l'appétit diminue aussi.

C'est en ce moment que la maladie est surtout contagieuse; il faut bien se garder de laisser un tel pigeon au contact des autres, il faut l'éloigner le plus possible.

Enfin, quelques jours encore et il s'écoule du bec et du nez une sanie abondante, d'une odeur fétide. Les narines sont complètement closes, le pigeon ne respire plus qu'avec peine et lentement en ouvrant fortement le bec; si, par un moyen mécanique ou par un lavage soigné on ne parvient pas à le débarrasser de toutes ces sécrétions, il ne tarde pas à expirer. Dans tous les cas, sa guérison est en ce moment presque impossible.

Est-ce seulement dans le bec et les narines que siège la maladie ? je ne le crois pas, je considère le niflé comme une maladie générale ; l'hypersécrétion n'est qu'une manifestation locale. Les poumons souffrent certainement et l'appareil digestif présente aussi des lésions.

Quelques auteurs ont comparé cette affection à la morve, à cause des productions néoplasiques.

Mais, vu son apparition principalement avec les chaleurs et sa disparition devant l'hiver, je suis tenté d'admettre dans cette maladie l'existence d'un microbe qui se propage et se multiplie sous l'influence du soleil, ce qui explique pourquoi il est si difficile de se débarrasser de cette maladie lorsqu'elle est franchement déclarée dans un colombier.

Le meilleur moyen de s'en préserver, c'est la plus grande propreté, une grande aération, de fréquents badigeonnages avec de la chaux phéniquée, ou autres solutions désinfectantes. Mais à ces conditions il faut encore ajouter les soins que réclame le pigeon pour lui conserver une santé robuste, inattaquable par ces organismes inférieurs qui pullulent partout, j'emploie à cet effet les pilules dont j'ai parlé plus haut.

On a conseillé aussi le copahu, mais sans contester l'efficacité de ce remède pour certaines sécrétions trop abondantes, j'avoue que je l'ai employé sans succès pour guérir le niflé des pigeons.

Enfin, quand la maladie s'est bien établie dans un local, tous les médicaments possibles ne sauraient l'en déloger ; aussitôt qu'un oiseau est guéri un autre devient malade et tous les habitants y passent tour à tour.

On fera très bien alors de débarrasser totalement le pigeonnier de ses hôtes pendant plusieurs mois, et durant ce temps on ne négligera rien pour désinfecter complètement jusqu'aux plus petits coins.

3. — *Le Muguet jaune.*

Le muguet jaune est cette maladie très bien caractérisée par le Dr Chapuis dans son ouvrage sur le pigeon-voyageur.

Le sujet devient triste, morne, blotti dans ses plumes, et pour l'œil attentif du colombophile sérieux, il est malade. Cela se remarque vite.

En ouvrant le bec du pigeon, on aperçoit dans le début des plaques rouges sur la muqueuse des deux mandibules, et bordées par des sérosites jaunâtres.

Elles augmentent très promptement et en quelques jours l'intérieur du bec est tuméfié et recouvert de boutons jaunâtres qu'on pourrait enlever au besoin par le grattage. Elles pénètrent bientôt par l'œsophage jusqu'à l'intérieur du jabot qu'elles tapissent entièrement : c'est la mort à courte échéance.

Cette maladie incontestablement epidémique demande beaucoup de soins, non pas pour le sujet atteint, mais pour l'hygiène des autres.

Il faut avoir soin de séparer le malade immédiatement, de changer le bassin et le manger et d'apporter une variation dans la nourriture ; car, puisqu'un sujet a été atteint, les autres qui sont soumis aux mêmes influences hygiéniques peuvent courir les mêmes dangers.

Quand la maladie se déclare, le moyen le plus sûr à mon avis, et qui m'a donné une guérison immédiate, est le phénol Bobœuf. Je l'ai employé en lotions dans le bec et l'œsophage au moyen d'une plume trempée dans le liquide. En quelques jours j'ai obtenu une guérison complète.

Ce traitement, du reste, est très logique, car les pustules qui caractérisent le muguet sont tout à fait analogues à celles que l'on observe sur le muguet des vieillards et des enfants, et puis elles sont alcalines, ce qui semblerait plaider en faveur d'un traitement acide.

C'est surtout à l'époque de la mue que le muguet jaune se développe le plus dans les colombiers. Il est de toute nécessité que les amateurs examinent avec une minutieuse attention tous leurs sujets, afin de mettre à part les contaminés.

Voici un remède qui nous a été indiqué par M. Levesque, pharmacien à Argence.

Au début, et deux fois par jour, cautérisation énergique

et profonde au moyen d'une plume trempée dans de bon
vinaigre de vin ; nettoyage du bec et des narines. Donner
ensuite au malade cinq et dix grains de maïs trempé dans du
lait et un peu de chévenis ; terminer le repas par deux ou
trois boulettes de beurre salé. Faire ainsi aux malades trois
repas par jour et opérer de la sorte pendant quelques jours en
diminuant la cautérisation. Cette médication a obtenu plein
succès.

4. — *Le Ver solitaire.*

On a traité toutes les maladies du pigeon.

Durant sa longue carrière, *La Revue Colombophile* les a
étudiées avec beaucoup d'attention, et pour toutes on a trouvé
le remède.

Le ver solitaire a seul été délaissé. Peu d'amateurs colombophiles l'ont surpris dans son travail et ses ravages Nous
allons le leur présenter.

Vous avez des pigeons qui ne supportent pas les voyages
sans une fatigue excessive. Ils mangent cependant avec avidité
mais restent toujours maigres comme des clous, sans rien
perdre de leur gaieté. On dit : mon pigeon ne marche plus.

Examinez-le très attentivement et vous ne tarderez pas à
vous apercevoir que le ver solitaire mine et dessèche votre
sujet.

Comment faire la connaissance de cet ermite ? Le voici.

Quand le pigeon a l'anus aux contours humides, il est à
peu près certain qu'il a le ver solitaire.

Pour vous en assurer, faites-le voler dans le pigeonnier.
effrayez-le durant quelques instants : prenez-le immédiatement
en mains et vous remarquerez que le ver va sortir.

Les colombophiles, au courant de cette maladie, se sont
jusqu'ici contentés de l'extraire doucement, mais ils ne l'ont
pas complétement capturé ; huit jours plus tard le ver se
reconstitue et continue ses dévastations.

M. Boyaval, pharmacien à Roubaix (Nord), après avoir

munitieusement étudié la maladie, en a trouvé le remède infaillible.

On donne au pigeon qu'on a mis à la diète dès la veille, une ou deux pilules, quatre au plus, et le mal est extirpé jusque dans ses plus profondes racines.

Les témoignages de personnes qui ont expérimenté ces pilules, nous autorisent à en affirmer la supériorité.

Non moins efficace est l'Helminthifuge, produit qui expulse sans purgatif le ver solitaire en quelques heures.

5. — *Le Croup (Diphtérie)*.

Les grands progrès qu'a faits dans ces derniers temps la microbiologie, ont prouvé que des maladies attribuées à des germes et à des miasmes, des maladies telles que le choléra, la tuberculose, la diphtérie et bien d'autres, nous sont tout simplement occasionnées par des microbes, parfaitement visibles au microscope, que nous sommes tous les jours exposés à ingérer soit en buvant ou en respirant et qui, pour peu que nous soyions disposés à les propager, causent en nous des ravages épouvantables.

La microbiologie est aujourd'hui une science acquise. M. Pasteur, par une inoculation, vous donnerait à votre choix le choléra, la rage, le charbon, la tuberculose ou la diphtérie (croup). Cette dernière affection, le croup, est autrement grave chez un sujet adulte que chez un sujet jeune.

Ce dernier, il est vrai, y est très prédisposé. Son organisme constitue pour le microbe pathogène un excellent milieu de culture. Mais l'élément infectieux reste ordinairement localisé sur la muqueuse du pharynx et du larynx.

Il a peu de tendance à se diffuser dans le sang et à envahir la totalité du corps. Chez l'adulte, c'est le contraire qui se produit. Il y a une véritable intoxication générale, dont la mort est la conséquence à peu près fatale.

La diphtérie est donc une maladie due à un microbe transporté dans l'air et contenu dans les fausses membranes et la salive. Ce microbe, lorsqu'il se greffe sur un organisme nouveau, se développe activement, s'il s'y trouve bien, sinon il meurt et n'exerce aucune action morbide.

Lorsqu'il germe, de deux choses l'une : ou bien il reste localisé et ne dépasse pas les limites d'un organe ; ou bien il végète avec une rapidité effrayante et envahit tous les tissus, transporté par le sang dans les diverses parties du corps. Dans le premier cas, la mort est la conséquence d'un obstacle mécanique apporté au, fonctionnement d'un appareil. Par exemple, lorsque la diphtérie se localise au larynx, les fausses membranes, en s'y développant, obstruent cet organe et empêchent l'air d'arriver au poumon. Le malade meurt asphyxié. Si le larynx est petit, comme chez l'enfant, chez le pigeon, cette éventualité est très à redouter. Chez l'adulte (l'homme), où le larynx est relativement très vaste, les craintes d'asphyxie sont minimes, les membranes n'étant presque jamais assez abondantes pour obturer sa cavité intérieure.

Quand la diphtérie reste localisée, il est aisé de comprendre qu'en ouvrant à l'air respiratoire une voie artificielle pour parer aux dangers de l'asphyxie, on sauve la vie du malade. Somme toute, celle-ci n'est compromise que du fait d'un obstacle mécanique qu'on peut lever chirurgicalement par la trachéotomie.

Les choses sont bien différentes lorsque la diphtérie devient infectieuse, c'est-à-dire se généralise à tout l'organisme. Ici la mort résulte de l'action du microbe sur les centres nerveux et sur le sang. C'est un véritable empoisonnement.

L'obstacle mécanique au passage de l'air inspiratoire est une circonstance très secondaire chez l'adulte. Il n'existe que bien rarement. La trachéotomie est à peine indiquee, même lorsque le malade respire difficilement.

On doit la pratiquer quand même, mais comme elle ne constitue une ressource que par rapport à l'obstruction du larynx, elle ne modifie en quoi que ce soit le pronostic dicté par l'état général.

On donne le nom de croup à l'ensemble des symptômes

provoqués par la diphtérie du larynx. C'est la manifestation clinique de l'obstruction de cet organe creux par les fausses membranes. Si la diphtérie, même lorsqu'elle est infectieuse, c'est-à-dire qu'elle revêt sa forme la plus grave, ne provoque aucun accès de suffocation, on ne peut pas l'appeler croup. On désigne, par ce dernier mot, toute une série d'affections de nature différente, mais aboutissant au même résultat, à savoir de provoquer de la suffocation par obstacle laryngien.

Ce qui précède suffira pour fixer les idées, un peu vagues dans le monde colombophile, à propos de la diphtérie et du croup. En résumé, la diphtérie amène le croup principalement chez les enfants et les gallinacés, à cause de l'exiguité du larynx.

Personne n'ignore que la diphtérie produit fatalement, sur les muqueuses atteintes, des fausses membranes, c'est-à-dire des sortes de plaques solides, blanches, plus ou moins étendues, assez épaisses, offrant quelqu'analogie avec la couenne. Si ces membranes ne sont pas expulsées, elles constituent une obstruction variable, par leur accumulation progressive.

D'après le docteur Destrée, qui, à cet effet, s'est appuyé sur les travaux récents d'Emmerich, on devrait attribuer principalement aux pigeons les causes du croup, et ces volatiles seraient les agents propagateurs du mal (1).

Se faisant l'écho de cette théorie, il l'a développée dans une séance de la Société royale des Sciences médicales et naturelles. Il est d'avis que puisqu'un certain nombre de microbes morbifiques pour l'homme le sont également pour les espèces animales particulières (ainsi la rage a un habitat de prédilection chez les chiens, le tétanos chez le cheval), le croup pourrait bien, de préférence, s'attacher aux gallinacés.

Des expériences faites en d'autres pays semblent confirmer cette théorie, quoique les inoculations de fausses membranes humaines sur le pigeon n'aient pas donné jusqu'ici de résultats. Mais il n'en est pas moins vrai que les oiseaux, de

---

(1) *L'Etoile Belge* du 5 juin 1887.

même que les poules, souffrent d'une affection analogue, presque toujours mortelle pour eux.

Le traitement prophylactique ou préventif de la diphtérie consiste pour les gallinacés (pigeons, poules, etc.), à leur faire prendre deux fois par an, un flacon de Colombophiline Moureau, mis sur dix litres d'eau de pluie.

La Colombophiline concentrée Moureau, mise sur dix litres d'eau de pluie, agit toujours comme dépuratif (entre pour 16 1/2 p. % dans le sang, qu'elle purifie) et elle jouit, en outre, de grandes propriétés stimulantes, antiseptiques et stomachiques. Elle procure grand appétit, tient constamment le sujet en parfait état de santé *et est indispensable pour la belle venue des jeunes.*

Elle agit aussi à cette dose comme préventif et l'amateur qui donnera deux ou trois fois par an de ce produit à ses sujets, est certain de ne plus constater chez lui *aucune maladie infectieuse et de produire une mue parfaite.*

On obtient la guérison de la diphtérie (croup) en mettant la colombophiline concentrée Moureau, sur cinq litres d'eau. Sous ce dosage, ce précieux produit entre *pour 33 p. % dans le sang,* qu'il purifie complétement en quelques jours.

Lorsque l'élément infectieux est localisé sur la muqueuse du pharynx et du larynx et alors même que l'on n'apercevrait qu'un petit nombre de taches blanchâtres, il est indispensable et *urgent* d'employer immédiatement l'anti-croupale.

Un ou deux badigeonnages sauvent le sujet de l'asphyxie en détruisant complètement, instantanément, les fausses membranes qui se trouvent sur les muqueuses.

Il suffit de faire un ou deux badigeonnages avec cette mixture pour obtenir en un ou deux jours, la guérison du muguet jaune et des chancres.

Avec ces deux produits, la diphtérie (croup), n'est plus à craindre.

6. — *Les Poquettes.*

Les pigeons, en général, et plus particulièrement encore les

jeunes, vers le mois d'août, sont sujets à une maladie de peau
que les colombophiles désignent sous le nom de gales et
caractérisée par des pustules qui sévissent surtout sur les
parties extérieures. Ces gales ressemblent assez, par leur
caractère extérieur, aux pustules ordinaires. sauf qu'elles ne
donnent pas lieu à une supuration ; elles offrent également de
l'analogie avec les excroissances observées communément sur
les mains et qu'on appelle verrues, mais avec cette différence
qu'elles sont purulentes et concrètes. La saison des nouveaux
grains semble le moment déterminé pour leur apparition. Le
bec, les pattes, les parties extérieures des ailes, mais plus
particulièrement la tête, sont les endroits où se localise ce
mal. On peut y porter remède, dans le début, en cicatrisant la
partie atteinte avec une eau chargée de sulfate de cuivre, avec
la pierre infernale ou encore avec le vinaigre fort, mais quand
ce mal est déjà assez avancé, il faut attendre la maturité.
Il arrive bien souvent que les amateurs, sans distinguer le
siège de ce mal, enlèvent le bouton d'un coup de pouce quand
il est presque mûr et déforment, sans le savoir, la partie
malade : il faut y prendre garde. Les précautions les plus
grandes doivent être prises quand c'est le bec ou l'œil qui est
atteint, car on peut enlever fort facilement une partie de man-
dibule ou on s'expose à déformer complètement le bec ; les
mêmes précautions doivent être prises pour l'œil. La plupart des
colombophiles croient que c'est le nouveau grain qui en est la
cause ; il y a du vrai, mais ils ont tort de généraliser. Des
pigeons, retenus dans un grenier depuis plusieurs années,
nourris avec des graines sèches, vieilles et bien conservées, ont
eu des jeunes criblés de gales ; donc, il y a pour ceux-ci une
autre cause qui produit ces végétations, et encore ici le champ
des recherches ne manque pas d'étendue. Cette maladie est
presque générale en août, mais elle n'est pas épidémique ; beaucoup en sont atteints parce qu'ils sont soumis aux
mêmes influences, mais tous ne le sont pas, et dans tous les
pigeonniers ces exceptions-là existent. De deux jeunes du
même nid, l'un peut en être criblé et l'autre parfaitement

exempt ; donc, on peut affirmer que la maladie n'est pas épidémique.

Cette maladie absolument bénigne n'est pas dangereuse du tout ; elle provient la plupart du temps de ce que les pigeons mangent du nouveau grain. Que vous le vouliez ou non, ils font le champ. Supprimez la cause, vous supprimerez les effets ; donc, fermez votre cage et les pigeons ne tarderont pas à être guéris.

7. — *L'Indigestion.*

Lorsqu'après une longue abstinence, soit qu'on l'ait oublié ou qu'il se soit égaré pendant plusieurs jours, le pigeon se trouve tout à coup en présence d'une nourriture abondante, il y a danger qu'il en prenne une telle quantité qu'elle reste entassée dans l'œsophage, s'y échauffe, s'y corrompe sans se digérer. L'état de tristesse qui le saisit, la recherche qu'on lui voit faire des coins les plus obscurs du pigeonnier pour y souffrir en paix, les plumes hérissées, indiquent assez qu'il se trouve dans un grand malaise et qu'il périra d'indigestion, si on ne vient pas à son secours. Le remède le plus prompt et le plus énergique, si on voit que les moyens ordinaires, l'isolement, l'abstinence, avec une cuillerée à café d'huile de ricin, ne produisent rien, c'est de se résoudre à une opération chirurgicale, qu'une main un peu adroite peut toujours faire et réussir chaque fois. On découvre une partie du jabot en arrachant quelques plumes avec précaution et avec des ciseaux fins, un bistouri ou un bon canif, on fait une incision de trois à quatre centimètres en ayant soin de trancher tout d'un coup toute l'épaisseur des membranes jusqu'au dépôt de nourriture. On enlève ce dépôt en le poussant de l'extérieur vers cette ouverture, et lorsqu'il est entièrement expulsé, on bassine et on nettoie la place qu'il occupait avec une petite éponge trempée dans de l'eau tiède contenant, si l'on veut, un peu de vin de Bordeaux. Cela fait, on recoud l'ouverture pratiquée en piquant toujours par dessous toute l'épaisseur des membranes, et en croisant les points de suture. Les bords de la plaie étant bien rapprochés, on passe sur la couture une couche d'huile d'olive et on met le pigeon au régime sévère, jusqu'à ce que la gaieté lui soit revenue et indique assez la réussite de l'opération. La couture se fait avec une aiguille ordinaire à la soie blanche, et l'incision doit avoir été pratiquée à la partie supérieure du jabot, un peu en-dessous du bec, car sans cette précaution on conçoit que dans les premiers jours la suture n'étant pas parfaite, toute l'eau que l'oiseau prendrait s'épancherait par les ouvertures, si on l'avait pratiquée à la partie inférieure, ce qu'un amateur peu expérimenté ferait de prime-abord pour être plus à portée du dépôt à enlever.

Les auteurs indiquent, pour premier traitement de l'indigestion, d'introduire le pigeon malade dans un fourreau d'étoffe, par exemple dans un bas de fil tricoté, de sorte que tous ses mouvements soient empêchés et qu'il n'ait de libre hors du sac que sa tête et une partie du cou. On accroche ce sac à la muraille et on fait avaler un peu d'ail au pigeon pour stimuler les muscles de l'estomac, et on ne lui donne pour toute nourriture que de l'eau. C'est seulement au bout de deux ou trois jours, lorsqu'on reconnaît que ce moyen est infructueux, qu'ils conseillent de recourir à l'opération.

8. — *La Diarrhée.*

Qu'y a-t-il lieu de faire quand tous les pigeons d'un même colombier sont atteints de diarrhée, ce qui se reconnaît à la couleur verte et à la liquidité des déjections ? Le seul remède est de changer immédiatement la nourriture pendant cinq ou six jours et les pigeons seront guéris. Nous recommandons dans ce cas le riz qui resserre.

Cela prouve qu'on doit choisir son grain, avec une grande attention, ce qui n'est pas facile. M. Smal, de Liège, dans son *Manuel de l'amateur de pigeons-voyageurs*, a consacré à cette question quelques pages très intéressantes dont voici le résumé :

Voulez-vous reconnaître si les vesces sont de bonne qualité ? Fourrez votre main dans le sac, prenez-en une poignée ; si elles roulent entre les doigts, c'est qu'elles sont sèches ; si elles se tassent, il faudra les étendre dans un grenier pour les sécher. Flairez la vesce ; si elle a une odeur de moisi, rejetez-la, si le goût est naturel, croquez quelques grains ; si le grain est sec, il doit avoir un goût de farine. Procédez pour la féverolle comme pour la vesce. Elle doit être d'un brun clair. Voyez si elles ne sont pas piquées, dans ce cas c'est que les vers s'y sont introduits et les ravagent. A gauche, cette nourriture. Vérifiez toujours si la nourriture n'est pas mélangée et couverte de poussière. De tout ceci il faut déduire que la meilleure nourriture n'est pas à beaucoup près, celle qui coûte le moins, et ce serait une erreur de penser que l'on fait des économies, en achetant par exemple 100 kilogs d'orge à 13 francs, au lieu de 100 kilogs de fèves à 20 francs, car vos pigeons mangeront deux fois 100 kilogs d'orge sur le temps qu'ils absorberont 100 kilogs de fèves. Une bonne nourriture donnée en petite quantité profitera plus qu'une graine faible et et de qualité ordinaire distribuée en quantité double.

En terminant ce chapitre des principales maladies du pigeon, nous ne croyons pouvoir donner de meilleur conseil à l'amateur colombophile que de pratiquer avant tout la médecine préventive. Elle consiste tout simplement à purger les pigeons deux fois l'an, au début et à la fin de la saison.

C'est le secret des colombiers bien tenus et bien dirigés.

CHAPITRE XIV.

Les désinfectants.

Un des correspondants dévoués de *La Revue Colombophile*, M. Fleury, de Lyon, a traité cette question d'une façon très pratique.

Avec les beaux jours et la chaleur, nous écrivait-il, la vermine s'est accrue et les émanations fétides bien connues des colombophiles commencent à se dégager des colombiers, quelque bien tenus qu'ils soient. Un peu de poudre de pyrèthre nous débarrassera du premier de ces maux, mais ne pourra faire disparaître le second. On chasse les miasmes de différentes façons, mais quel que soit le moyen employé, la première condition pour réussir, est de bien nettoyer le colombier, car la fiente du pigeon dégage une odeur *sui generis* qui n'a rien d'agréable. Quelques personnes brûlent des herbes odoriférantes, nous ne connaissons pas la valeur de ce procédé, ne l'ayant jamais mis en pratique. D'autres colombophiles ont adopté la méthode qui consiste à calfeutrer les ouvertures du pigeonnier et à y faire brûler du soufre. Les vapeurs du soufre ont le double avantage de détruire la vermine et de désinfecter pour un certain temps, mais pour masquer la senteur nauséabonde de la colombine, il faudrait renouveler les fumigations à des intervalles très rapprochés. Cela deviendrait non seulement coûteux mais ennuyeux. C'est à la suite de toutes ces réflexions que nous avons eu recours au moyen que nous préconisons aujourd'hui.

Le désinfectant que nous employons est celui dont on se sert généralement dans les salles d'hôpital, c'est l'acide phénique. L'acide phénique ou carbonique s'extrait des huiles de goudron, corps qui lui-même est tiré, la plupart du temps, de la houille On traite d'abord ces huiles par l'acide sulfurique, on agite ensuite avec un lait de chaux ou avec une dissolution concentrée de soude. Il se forme deux couches, la couche inférieure contient le phénate qui, traité par un acide, donnera le phénol qui surnage. On le lave, puis on le dessèche sur du chlorure de calcium et finalement on le rectifie. L'acide phénique, lorsqu'il est pur, se présente en aiguilles incolores inflammables, peu solubles dans l'eau, mais qui le sont dans l'alcool, l'éther ou la glycérine. L'acide phénique que l'on trouve dans le commerce est généralement dissous dans l'alcool. C'est alors un liquide légèrement rosé. Pour employer ce corps à la désinfection des colombiers, on procède de la façon suivante : après avoir nettoyé le cases, boulins, etc., on balaye soigneusement le plancher, puis on l'arrose avec de l'eau dans laquelle on a préalablement versé une petite quantité d'acide phénique. L'odeur pénétrante de l'acide carbonique se répand aussitôt dans le pigeonnier, mais cette odeur, assez forte pour faire disparaître celle qu'exhale la colombine, ne peut cependant tuer la vermine qui couvre toutes les parties du colombier et le corps de ses habitants. Pour la détruire, on opère comme suit : on se procure un petit appareil connu sous le nom de pulvérisateur et dont nous nous dispenserons de faire la description, attendu qu'il garnit presque toutes les tables de toilette On remplit d'acide phénique cet appareil (dont le prix varie de 50 centimes à 20 francs et plus) et l'on dirige le jet dans tous les coins et recoins, car la vermine envahit tout. Il suffit d'employer le pulvérisateur une fois par semaine ; quant à l'arrosage, il doit se faire quotidiennement, en ayant toujours soin de balayer auparavant le plancher parce que s'il y restait quelques grains, ceux-ci s'imprégneraient d'acide ; les pigeons pourraient les manger et les conséquences en seraient désastreuses, car l'acide phénique est irritant, caustique ; appliqué pur sur la peau, il blanchit l'épiderme et le fait tomber en lambeaux. Il désorganise les muqueuses en général, et la muqueuse digestive en particulier. On ne saurait donc prendre trop de précautions. Malgré cet inconvénient, l'acide carbonique est un excellent désinfectant dont nous conseillons l'emploi aux colombophiles, car lorsqu'on en fait usage, on

peut rester un moment dans son colombier, où, si l'on ne sent
ni les parfums du jasmin et de la rose, ni ceux qui s'échappent

> De là plage sonore où la mer de Sorrente
> Déroule ses flots bleus au pied de l'oranger,

on n'y est, du moins, pas incommodé.

Depuis peu, la Société Française des produits sanitaires et
antiseptiques, de Paris, a mis dans le commerce, sous le nom
de *Crésyl-Jeyes* le plus énergique et le meilleur marché des
désinfectants. Il s'emploie en poudre et en liquide.

Ce produit qui a été l'objet d'études approfondies, dans les
écoles vétérinaires et au Jardin d'acclimatation, est classé au
premier rang *des plus énergiques antiseptiques.*

Il rendra de très grands services aux colombophiles. Les
colombiers désinfectés régulièrement par la solution de Crésyl
(2 p. c. à 5 p. c.) et dans lesquels on emploie la poudre de Crésyl
pour saupoudrer les cases et le plancher, voient les chances
de contamination des maladies épidémiques, diphtérie, etc.,
diminuer dans des proportions considérables. En outre, la
poudre de Crésyl détruit et déloge complétement la vermine.
Nous croyons donc qu'il serait d'une véritable utilité pour les
amateurs colombophiles de désinfecter avec le *Crésyl-Jeyes.*
Ils en obtiendraient certainement de sérieux avantages.

CHAPITRE XV.

L'alimentation dans le cours de l'année.

Nous avons, dans le cours de ce traité, insisté sur la qualité des graines à donner aux pigeons.

Les amateurs doivent savoir que la vesce trop jeune affaiblit le pigeon; que le chènevis échauffe outre mesure quand on le sert en abondance; que le froment, trop longtemps servi comme aliment principal, engraisse le pigeon; que l'avoine échauffe; que l'orge relâche, et qu'enfin la véritable nourriture du pigeon, c'est la féverole bien sèche.

Le pigeon a ses préférences marquées : il aime mieux les graines rondes que les graines longues. Dans un mélange de toutes sortes de graines, voici l'ordre dans lequel il les attaquerait : en premier lieu, le chènevis, le colza, la navette, le blé millé rond; en second lieu, les pois, vesces, féveroles, les lentilles; puis le maïs, le sarrazin; enfin l'orge et l'avoine.

Ceux qui débutent, pensant bien faire, ont généralement l'habitude de jeter le grain à profusion sur le plancher du pigeonnier.

Il est facile d'apprécier la quantité de grains à donner aux hôtes d'un colombier en la calculant sur une moyenne de trente grammes par tête et par jour. On élevera la provende à quarante grammes au moment de l'élevage ; mais pour s'assurer que ces dix grammes supplémentaires vont bien à leur destination, il est préférable de ne jeter sur le plancher que la moyenne de trente grammes par pigeon et par jour et de déposer dans les cases où se trouvent des jeunes la quantité supplémentaire destinée à leur alimentation. Ce système, outre qu'il assure aux nourriciers le supplément nécessaire, a aussi l'avantage d'habituer les jeunes au sortir du nid à ramasser le grain. C'est le système d'élevage que nous pratiquons et que nous conseillons pour nous en être très bien trouvé.

La quantité de nourriture étant connue, il va de soi qu'on ne doit pas, au premier repas, la distribuer d'un seul coup.

Qu'arriverait-il en effet ? Les pigeons feraient leur premier repas et l'excédent serait piétiné, sali et perdu.

Des amateurs inexpérimentés croyent nécessaire de tenir toujours du grain à la disposition des nourriciers dans l'espoir qu'il élèveront mieux ; c'est tout le contraire. Si vous voulez économiser vos graines et tenir toujours vos pigeons en appétit, il faut prendre pour règle de ne pas leur donner le plus petit grain avant que le plancher soit net et qu'il ne reste plus rien de la distribution précédente.

Durant la saison de l'élevage, on fera trois distributions par jour : la première de bonne heure, la seconde vers midi, la troisième au coucher du soleil. Dès qu'on s'aperçoit que les pigeons se mettent à choisir les graines, c'est qu'ils sont rassasiés ; arrêtez. La féverole et la vesce sont, dans nos pays, l'aliment d'été ; on y additionne de temps à autre un peu de riz et de maïs ; de cette façon, les pigeons sont suffisamment bien entretenus pour qu'il soit inutile de les échauffer au moyen de graines comme le chènevis, le millet rond, la navette, qui finissent par les rendre morveux. Je ne conteste pas le parti qu'on peut tirer de cette mise en vapeur du pigeon, mais au point de vue de l'élevage, elle est désastreuse, et ce n'est pas toujours impunément qu'on emploie ces expédients pour maintenir son ardeur aux plus hautes pressions.

En hiver, il faut modifier l'alimentation. D'abord, de 30 grammes, la nourriture tombera, sans secousse, à 20 grammes, et le repas sera plus ou moins copieux selon les rigueurs ou la douceur de la température.

Le nouveau blé, l'orge et quelque peu d'avoine forment un régime rafraîchissant et suffisamment tonique. Le repos c'est déjà de la nourriture ; or, comme le pigeon n'a, durant l'hiver, rien à faire, il n'est que très naturel qu'il laisse toujours l'appétit au plat.

A mesure qu'on approchera des accouplements et de la reproduction, on modifiera le régime, et la féverole fera sa réapparition.

L'essentiel, pendant l'hiver, c'est de conduire son pigeonnier sans ponte, tout en ne séparant pas les femelles des mâles. On y arrivera en réglant la ration et en distribuant une nourriture plus laxative.

Deux distributions suffisent : la première, presque pour la forme et plutôt pour s'assurer que toute la bande est en bonne santé ; à la seconde, qui a lieu vers quatre heures, laissez-les se bourrer et manger à tire-larigot. Si vous suivez mes conseils, je vous réponds que vous conduirez votre pigeonnier comme vous l'entendrez.

Mais ce n'est pas tout de leur donner une nourriture saine avec retenue ; il faut encore veiller à ce que les pigeons aient toujours à leur disposition une eau excellente, car elle exerce sur l'alimentation du pigeon une influence considérable.

Combien voit-on de pigeonniers décimés par les maladies, malgré tous les soins et toute l'attention de l'amateur ? Il change le pigeonnier de place ou il le badigeonne de haut en bas, il s'en prend à la nourriture et ne sait plus souvent à quel saint se réclamer. L'eau qu'il donne à ses pigeons est malsaine, trouble leur digestion au lieu de la faciliter et vicie leur sang. Il faut, pour qu'une eau soit bonne, qu'elle soit riche en sels minéraux, qu'elle aide à la digestion et à la sécrétion des aliments.

Il est bon d'en enlever la crudité en y plongeant un fer rouge avant de la donner aux pigeons.

L'amateur, sans savoir souvent faire l'analyse de l'eau, n'ignore cependant pas qu'il est bon qu'elle soit ferrée : aussi ne saurions-nous trop recommander l'usage des fontaines en fonte qui donnent à l'eau une qualité très recherchée. Surtout, qu'on n'oublie pas, principalement en hiver, de remplir les fontaines. Un pigeon vivrait plus longtemps sans manger que sans boire, et les plus extraordinaires jeûneurs n'ont jamais voulu se livrer à leur singulier exercice sans s'être assurés qu'ils pourraient boire à loisir.

Le sel et le salpêtre sont aussi, pour les pigeons, un condiment de prédilection. On a vu des pigeons s'accrocher avec acharnement à des murs salpêtrés et y creuser, à coups de bec, des trous où ils picoraient du salpêtre.

On peut satisfaire ce goût par le moyen suivant :

On prend deux litres de sable ou de petit gravier, un litre de plâtre, un demi-litre de chaux éteinte, un demi-litre de sel gris et un quart de litre de salpêtre ; on mêle le tout dans un seau avec l'eau nécessaire pour en faire une pâte un peu épaisse qu'on dresse en forme de cône ou de pain de sucre, et qu'on fait sécher au soleil ou près d'un four chauffé, — et on le met à la disposition des pigeons, qui ne manqueront pas de s'en régaler jusqu'à ce qu'il n'en reste plus rien.

Ne perdons jamais de vue qu'un bon régime c'est la santé du colombier.

CHAPITRE XVI.

Le Barême de l'élevage.

Voici un petit travail de patience qui doit guider l'éleveur et l'amateur ; ils n'auront plus désormais qu'à noter le jour de la ponte pour se rendre compte immédiatement des dates d'éclosion et de sevrage.

Il arrive souvent aux éleveurs, nous savons cela d'expérience, que faute d'avoir exactement noté l'époque de la ponte, on se trouve très gêné s'il faut passer les œufs à un autre couple ou lorsque deux œufs dans des nids différents ne sont pas fécondés, on désire mettre les bons œufs dans le même plateau, pour disposer d'un couple et obtenir une nouvelle ponte plus rapprochée. On ne peut que tripoter si l'on ne tient pas scrupuleusement note des pontes.

Quant à l'amateur colombophile, on sait qu'il règle ses pontes et son élevage en vue de tel ou tel concours. Avec notre barême il trouvera sans chercher, des dates qui le renseigneront exactement.

Enfin le sevrage des jeunes est chose délicate ; il faut l'opérer en temps voulu ; trop tôt est désastreux, trop tard ne vaut guère mieux. 20 à 21 jours dans les nids suffisent et le pigeonneau possède, à cet âge, la dose de volonté nécessaire pour manger et boire, sous la surveillance de son maître, bien entendu.

La ponte étant notée, l'amateur trouvera dans la troisième colonne de notre travail le jour où les pigeonneaux pourront être séparés de leur nourriciers.

Nous pensons rendre un réel service au Sport colombophile en lui présentant ce travail, non pas comme un tour de force intellectuel, car le premier venu aurait pu l'établir, mais comme un document qui répond à des besoins réels, et d'une incontestable utilité.

| JANVIER | | | FÉVRIER | | | MARS | | | AVR | | | MAI | | | JUIN | | |
PONTE	ÉCLOSION	SEVRAGE	PONTE	ÉCLOSION	SEVRAGE	PONTE	ÉCLOSION	SEVRAGE	PONTE	ÉCLOSION	SEVRAGE	PONTE	ÉCLOSION	SEVRAGE	PONTE	ÉCLOSION	SEVRAGE
1	17	fév. 6	1	17	mars 9	1	17	avril 6	1	17	mai 7	1	17	juin 6	1	17	juillet 7
2	18	7	2	18	10	2	18	7	2	18	8	2	18	7	2	18	8
3	19	8	3	19	11	3	19	8	3	19	9	3	19	8	3	19	9
4	20	9	4	20	12	4	20	9	4	20	10	4	20	9	4	20	10
5	21	10	5	21	13	5	21	10	5	21	11	5	21	10	5	21	11
6	22	11	6	22	14	6	22	11	6	22	12	6	22	11	6	22	12
7	23	12	7	23	15	7	23	12	7	23	13	7	23	12	7	23	13
8	24	13	8	24	16	8	24	13	8	24	14	8	24	13	8	24	14
9	25	14	9	25	17	9	25	14	9	25	15	9	25	14	9	25	15
10	26	15	10	26	18	10	26	15	10	26	16	10	26	15	10	26	16
11	27	16	11	27	19	11	27	16	11	27	17	11	27	16	11	27	17
12	28	17	12	28	20	12	28	17	12	28	18	12	28	17	12	28	18
13	29	18	13	mars 1	21	13	29	18	13	29	19	13	29	18	13	29	19
14	30	19	14	2	22	14	30	19	14	30	20	14	30	19	14	30	20
15	31	20	15	3	23	15	31	20	15	mai 1	21	15	31	20	15	juillet 1	21
16	fév. 1	21	16	4	24	16	avril 1	21	16	2	22	16	juin 1	21	16	2	22
17	2	22	17	5	25	17	2	22	17	3	23	17	2	22	17	3	23
18	3	23	18	6	26	18	3	23	18	4	24	18	3	23	18	4	24
19	4	24	19	7	27	19	4	24	19	5	25	19	4	24	19	5	25
20	5	25	20	8	28	20	5	25	20	6	26	20	5	25	20	6	26
21	6	26	21	9	29	21	6	26	21	7	27	21	6	26	21	7	27
22	7	27	22	10	30	22	7	27	22	8	28	22	7	27	22	8	28
23	8	28	23	11	31	23	8	28	23	9	29	23	8	28	23	9	29
24	9	mars 1	24	12	avril 1	24	9	29	24	10	30	24	9	29	24	10	30
25	10	2	25	13	2	25	10	30	25	11	31 juin	25	10	30 juillet	25	11	31 août
26	11	3	26	14	3	26	11	mai 1	26	12	juin 1	26	11	juillet 1	26	12	août 1
27	12	4	27	15	4	27	12	2	27	13	2	27	12	2	27	13	2
28	13	5	28	16	5	28	13	3	28	14	3	28	18	3	28	14	3
29	14	6				29	14	4	29	15	4	29	14	4	29	15	4
30	15	7				30	15	5	30	16	5	30	15	5	30	16	5
31	16	8				31	16	6				31	16	6			

JUILLET			AOUT			SEPTEMBRE			OCTOBRE			NOVEMBRE			DÉCEMBRE		
PONTE	ÉCLOSION	SEVRAGE	PONTE	ÉCLOSION	SEVRAGE	PONTE	ÉCLOSION	SEVRAGE	PONTE	ÉCLOSION	SEVRAGE	PONTE	ÉCLOSION	SEVRAGE	PONTE	ÉCLOSION	SEVRAGE
1	17	août 6	1	17	sept. 6	1	17	oct. 7	1	17	nov 6	1	17	déc. 7	1	17	janv 6
2	18	7	2	18	7	2	18	8	2	18	7	2	18	8	2	18	7
3	19	8	3	19	8	3	19	9	3	19	8	3	19	9	3	19	8
4	20	9	4	20	9	4	20	10	4	20	9	4	20	10	4	20	9
5	21	10	5	21	10	5	21	11	5	21	10	5	21	11	5	21	10
6	22	11	6	22	11	6	22	12	6	22	11	6	22	12	6	22	11
7	23	12	7	23	12	7	23	13	7	23	12	7	23	13	7	23	12
8	24	13	8	24	13	8	24	14	8	24	13	8	24	14	8	24	13
9	25	14	9	25	14	9	25	15	9	25	14	9	25	15	9	25	14
10	26	15	10	26	15	10	26	16	10	26	15	10	26	16	10	26	15
11	27	16	11	27	16	11	27	17	11	27	16	11	27	17	11	27	16
12	28	17	12	28	17	12	28	18	12	28	17	12	28	18	12	28	17
13	29	18	13	29	18	13	29	19	13	29	18	13	29	19	13	29	18
14	30	19	14	30	19	14	30 oct.	20	14	30	19	14	30 déc.	20	14	30	19
15	31 août	20	15	31 sept.	20	15	1	21	15	31 nov.	20	15	1	21	15	31 janv	20
16	1	21	16	1	21	16	2	22	16	1	21	16	2	22	16	1	21
17	2	22	17	2	22	17	3	23	17	2	22	17	3	23	17	2	22
18	3	23	18	3	23	18	4	24	18	3	23	18	4	24	18	3	23
19	4	24	19	4	24	19	5	25	19	4	24	19	5	25	19	4	24
20	5	25	20	5	25	20	6	26	20	5	25	20	6	26	20	5	25
21	6	26	21	6	26	21	7	27	21	6	26	21	7	27	21	6	26
22	7	27	22	7	27	22	8	28	22	7	27	22	8	28	22	7	27
23	8	28	23	8	28	23	9	29	23	8	28	23	9	23	23	8	28
24	9	29	24	9	29	24	10	30	24	9	29	24	10	30	24	9	29
25	10	30	25	10	30 oct.	25	11	31 nov.	25	10	30 déc.	25	11	31 janv	25	10	30
26	11	31 sept.	26	11	1	26	12	1	26	11	1	26	12	1	26	11	31 fév.
27	12	1	27	12	2	27	13	2	27	12	2	27	13	2	27	12	1
28	13	2	28	13	3	28	14	3	28	13	3	28	14	3	28	13	2
29	14	3	29	14	4	29	15	4	29	14	4	29	15	4	29	14	3
30	15	4	30	15	5	30	16	5	30	15	5	30	16	5	30	15	4
31	16	5	31	16	6				31	16	6				31	16	5

CHAPITRE XVII.

LE MARQUAGE SECRET DES PIGEONS

Par la bague en caoutchouc Rosoor.

Ce marquage a pris une telle place dans les concours, que nous croyons utile d'en faire la description dans cet ouvrage, afin que tout colombophile le connaisse.

De l'avis général, le système de marquage sur la plume pratiqué jusqu'à ce jour, ne donne pas de garanties suffisantes, car il se prête à bien des fraudes. Il exige une comptabilité inutile, des numéroteurs mécaniques, des contremarques, des boîtes à lettres, des encres grasses qui, dans la précipitation du marquage, empâtent les timbres au point de les rendre illisibles et d'empêcher tout contrôle.

En admettant qu'il soit exécuté avec les plus grands soins, il n'en reste pas moins établi que les organisateurs d'un concours ont tout entre les mains, livres et marques, et qu'il leur est des plus facile de connaître exactement les marques et contremarques de tel ou tel pigeon, et conséquemment de frauder.

Le marquage secret était donc réclamé depuis longtemps. On l'a cherché et nous avons vu des appareils imprimant sous la plume du pigeon les numéros et contremarques.

Mais la marche mécanique de ces appareils permettait d'en suivre le fonctionnement. D'un autre côté, si le folioteur rencontre le tuyau de la plume, il arrive qu'il le casse ; et puis comment être sûr du bon fonctionnement des numéroteurs et de leur parfait encrage si l'on n'y peut rien voir? Il est arrivé que bien des pigeons sont partis sans numéro et marques et qu'on a été obligé de rendre des prix sur la simple affirmation des amateurs. Enfin, ces appareils coûtent 200 fr., et ne sont, par conséquent, pas à la portée de toutes les Sociétés.

La bague en caoutchouc doublée et soudée (1) est la seule qui résolve cette importante question de la façon la plus simple et la plus sure : *la plus simple*, parce qu'elle abrège le travail des organisateurs, des délégués et de l'amateur lui-même ; *la plus sure*, car elle laisse tout le monde, aussi bien ceux qui donnent le concours que ceux qui y prennent part, dans l'ignorance la plus complète des numéros, et rend, par suite, toute fraude et toute erreur impossible.

Voici quelques explications sur le système :

La bague.

Cette bague en caoutchouc rouge très souple et de première fabrication, a 22 millimètres de longueur. On imprime sur toute sa longueur, d'un côté le numéro, de l'autre le nom de la Société, puis on la retrousse et on la soude de telle façon que toutes les marques sont invisibles et qu'il faudrait désouder la bague pour les découvrir.

Ainsi doublée, la bague forme un manchon de 11 millimètres et son poids est de 25 centigrammes. Les marques sont à l'abri de l'air, de la pluie et de toute souillure extérieure. Le diamètre est calculé de manière à ce qu'elle ne gêne aucunement le pigeon et qu'il suffise, pour l'enlever de la patte, de la tirer sans effort et en un clin d'œil.

L'encre avec laquelle sont imprimées les bagues est ineffaçable : plus on mouille les marques, plus brillantes elles deviennent.

La souche.

La souche est un carré de papier fort, qui porte les mêmes numéros et inscriptions que la bague.

Après impression, elle est collée sur toutes ses faces, c'est-

---

(1) La bague Rosoor est déposée conformément aux lois qui régissent la propriété industrielle, en France et en Belgique.

à-dire absolument fermée, comme une carte-lettre, puis repliée sur elle-même, et passée dans la bague correspondante avec laquelle elle fait corps sans pouvoir se séparer d'elle.

Les dispositions prises pour l'impression rendent toute erreur impossible et toujours le numéro de la bague se reproduit sur la souche.

Le pique-bagues.

Ce petit appareil, d'un prix modique et dont on peut d'ailleurs se dispenser, se compose d'une tige dont la partie supérieure forme une pointe flanquée de deux arêtes en acier qui fléchissent au passage de la bague et reprennent immédiatement leur place pour empêcher qu'on la retire.

L'extrémité inférieure de la tige se visse dans un pied et la partie qui traverse et dépasse ce pied porte un trou dans lequel on passe la ficelle, pour plomber. Les bagues sont donc en sûreté.

Quand le délégué rentrera, il suffira de faire sauter le plomb, de dévisser la tige et de relever les bagues dans l'ordre de constatation.

On peut aussi exiger que le délégué prenne les numéros et contremarques sur sa liste avant de la passer au pique-bagues. Dans ce cas, il ne s'agira plus que de contrôler après le classement.

Le but du pique-bagues est : 1° d'éviter que les bagues ne se perdent ou qu'on les enlève ; 2° de permettre au délégué de marquer à la même minute n'importe quel nombre de pigeons.

Il fait, en somme, office de porte-manteau avec cet avantage qu'ici les bagues rentrent au local de la société organisatrice, tandis que les pigeons sont rendus aux amateurs.

La bagueuse.

Une question importante dans ce système était de trouver moyen de passer la bague au pigeon, sans même le toucher. Ce problème a été résolu par un appareil simple et facile à manier.

C'est une besogne tout à fait mécanique, et après un quart d'heure de maniement, le premier venu se servira de la bagueuse avec autant d'adresse et de rapidité qu'on se sert d'un révolver ou d'un ouvre-gants.

L'enveloppe.

Une simple enveloppe imprimée d'après le mode d'inscription de la Société remplace tous les registres.

Voici un modèle généralement employé.

Monsieur ____

à ____

Délégué : ____

NUMÉRO D'ORDRE	CONTRE-MARQUES	POULE UNIQUE	POULES						PIGEONS D'ESSAI	TOTAL
			0,25	0,50	1	2	3	5		

Il suffit d'écrire dans la première colonne le numéro d'ordre, dans la seconde la contremarque de la bague qui est celle de la souche, et par une croix, d'indiquer dans chaque colonne suivante le jeu du pigeon.

C'est dans cette enveloppe qu'on enferme les souches dès qu'elles ont été détachées de la bague et numérotées.

Un seul numéro est connu : c'est le numéro d'ordre qui indique aux organisateurs le nombre de pigeons inscrits et qui n'a aucun rapport avec les marques du concours.

Pour connaître les numéros de la bague de tel ou tel pigeon, il faudrait commencer par ouvrir l'enveloppe et décacheter les souches ; la fraude serait immédiatement découverte.

Comment on procède au marquage.

Mise en loges. — La Société reçoit ses bagues sous enveloppes cachetées par paquets de 25. Dans chaque enveloppe se trouvent donc 25 bagues portant comme contremarques extérieures les 25 lettres de l'alphabet.

De cette façon, le même amateur n'a jamais deux fois la même contremarque, et supposition faite qu'il ait engagé 10 pigeons et qu'il n'en constate qu'un avec la contremarque B, on n'ouvre de suite, pour contrôler, que la souche portant la contremarque B, sans être obligé de toucher aux autres.

En supposant qu'un amateur ait dans son enveloppe deux mêmes contremarques, il ne pourrait pas encore y avoir de confusion, car le numéro d'ordre est répété sur chaque souche.

On jette donc dans une urne un paquet de 25 bagues.

1° Le commissaire qui bague les pigeons enlève la bague du bulletin choisi par l'amateur. Pour avoir facilement cette bague, il suffit de la prendre entre le pouce et l'index et de tirer.

Après avoir posé la bague sur les pointes de l'appareil, il passe le bulletin au secrétaire.

2° Le secrétaire prend une enveloppe imprimée *pour chaque amateur*. Après y avoir noté le nom et le jeu, il enferme les souches dans l'enveloppe ; chaque fois qu'il reçoit une souche du commissaire qui bague, il doit tout d'abord inscrire sur cette souche le numéro d'ordre de l'enveloppe : c'est le seul moyen de se retrouver, car ce numéro indique à quel pigeon appartient la bague présentée.

La troisième personne qui assiste au marquage reçoit du secrétaire les enveloppes fermées dont elle copie les inscriptions sur une liste, puis les glisse dans une grande boîte scellée, où elles restent enfermées jusqu'au moment de la vérification.

De cette façon, les enveloppes ne restent même pas dans les mains des organisateurs. La liste ainsi établie sert à faire le relevé des comptes et le jeu de chaque amateur, et peut au besoin être affichée dans le local, aussitôt le dernier pigeon marqué.

Tout le marquage est fini : s'il y a 10 ou 15 pigeons au même amateur, c'est dix ou quinze fois la même chose, dans une seule enveloppe, bien entendu.

Classement et contrôle.

Une fois les délégués rentrés, les organisateurs établissent la liste des prix, en ne prenant pour premier contrôle que l'exactitude des contremarques.

C'est-à-dire qu'on verra de suite que la bague B de M. X., est celle d'un pigeon qui a fait tel ou tel jeu : il suffit de jeter un coup d'œil sur l'enveloppe.

Une fois le résultat affiché, un commissaire ouvrira l'enveloppe de chaque amateur classé, et vérifiera si le N° de la souche concorde bien avec celui de la bague du pigeon primé. Il est absolument inutile qu'il ouvre d'autres souches et c'est un travail de quelques minutes.

Enveloppes et souches sont mises de côté de telle sorte que toutes les bagues non présentées se trouvent annulées ; s'il prenait fantaisie à un amateur de courir au prochain concours avec une bague du concours précédent, on ne retrouverait pas dans son enveloppe la souche correspondante, et la fraude serait découverte.

Jamais le même numéro ne se répète pour une même Société.

Pour la vérification des numéros dans les souches, il faut avoir bien soin de ne pas les couper dans le dos pour ouvrir, mais sur les côtés où le bulletin est collé ; on fait tomber, avec des ciseaux, une bande de 5 millimètres et le bulletin est ouvert.

C'est l'amateur qui présente son pigeon lui-même. Il suffit de le tenir d'une main et d'allonger de l'autre la patte qu'on veut faire baguer en appuyant légèrement sur l'articulation ; le pigeon, obligé d'allonger la patte, la ferme instinctivement et se prête pour ainsi dire à l'opération.

Tel est le marquage secret qui a été employé cette année par plus de 200 sociétés françaises et belges, avec un plein succès.

Loin de compliquer les opérations d'un concours, il les active. Deux commissaires bien au courant de leur besogne, marqueront 500 pigeons à l'heure.

Avec le système employé jusqu'aujourd'hui, après quatre ou cinq concours, les ailes des pigeons sont couvertes de cachets ; c'est souvent une source d'erreurs et d'embarras pour les délégués.

Avec notre système, les ailes des pigeons restent nettes et intactes ; on ne risque pas de casser les plumes, par maladresse ou méchanceté, et le pigeon, s'il est pris, a bien plus de chance d'être relâché, car un pigeon couvert de cachets dénote généralement un bon sujet, et les amateurs indélicats s'en emparent.

Les plumes peuvent tomber en route ; l'amateur en supporte parfois les ennuis les plus désagréables. La bague reste, et il est impossible qu'elle se perde jamais dans les paniers.

Enfin, *on ne court plus avec le pigeon* ; *plus de toit, plus de dégringolades dangereuses dans les escaliers.*

Exigeant peu de frais, ce marquage est à la portée de tous ; il suffit aux sociétés d'augmenter la mise de cinq centimes pour rentrer dans ses frais de bagues. Pas un amateur sérieux ne saurait s'en plaindre, car ce système lui offre les plus précieux avantages.

Les Sociétés qui veulent le progrès et la loyauté n'hésiteront pas à l'expérimenter.

Et l'essayer c'est l'adopter.

CHAPITRE XVIII.

Les circulaires ministérielles.

De 1877 à 1890, dix-sept circulaires ministérielles ont été publiées. Des ordonnances, des prescriptions ont amélioré les conditions d'existence du sport colombophile.

Ces documents, que nous avons publiés dans la *Revue Colombophile*, tiendraient une place trop considérable dans ce livre. Nous n'en avons extrait que ceux intéressant directement l'amateur colombophile. C'est d'abord le rapport au Président de la République qui règle les réquisitions de pigeons-voyageurs ; ensuite les instructions relatives aux conditions exigées pour prendre part aux concours militaires ; en troisième lieu, une circulaire du garde des sceaux fixant les droits des colombophiles et la protection garantie aux pigeons-voyageurs ; enfin, la circulaire N° 24, qui exige de l'amateur la production des récépissés de déclaration pour l'expédition et le lâcher des pigeons.

L'amateur colombophile doit absolument connaître et ses droits et ses devoirs. C'est pourquoi nous lui mettons les uns et les autres sous les yeux.

Les recensements.

Rapport au Président de la République Française.

Paris, le 15 septembre 1885.

Monsieur le Président,

Par ses articles 1 et 5, la loi du 3 Juillet 1877 donne le *droit de réquisition sur les Pigeons-Voyageurs* ; mais le décret du 2 août 1877, portant règlement d'administration publique pour l'application de la loi, n'a pas prévu la préparation de ce genre de réquisitions.

Afin d'établir à leur égard une réglementation nécessaire, j'ai l'honneur de soumettre à votre approbation le projet de décret ci-joint, préparé par les soins de mon département après entente avec le département de l'Intérieur.

Veuillez agréer, Monsieur le Président, l'hommage de mon respectueux dévouement.

Le Ministre de la Guerre,

E. CAMPENON.

Décret du Président de la République Française.

Vu la loi du 3 Juillet 1877, relative aux réquisitions;

Vu le décret du 2 Août suivant, portant règlement d'administration publique pour l'exécution de cette loi, sur le rapport du Ministre de la Guerre;

Décrétons :

ARTICLE PREMIER. — Les réquisitions de pigeons-voyageurs qui peuvent être exercées en vertu de l'article 5 de la loi du 3 Juillet 1877, et dans les conditions à l'article 1er de la même loi, sont préparées par les moyens indiqués ci-après :

ART. 2. — Tous les ans, à l'époque du recensement des chevaux, juments, mules et mulets, un recensement de pigeons-voyageurs est effectué par les soins des maires, sur la déclaration obligatoire des propriétaires, et, au besoin, d'office.

ART. 3. — Chaque année, dans le courant du mois de Novembre, les généraux commandant les corps d'armée arrêtent, sur la proposition des préfets, la liste des communes de leur région où ce recensement aura lieu.

ART. 4. — Le maire de chacune des communes désignées, en exécution de l'article précédent, fait publier, dès le commencement de décembre, un avertissement adressé à tous les éleveurs isolés ou sociétés colombophiles qui possèdent des pigeons voyageurs dans la commune, pour les informer qu'ils doivent, avant le 1ᵣ janvier, faire, à la mairie, personnellement ou par l'intermédiaire d'un représentant, la déclaration du nombre de leurs colombiers, du nombre de pigeons voyageurs qui y sont élevés et des directions dans lesquelles ils sont entraînés.

Il est délivré à chaque éleveur isolé ou société colombophile qui a fait la déclaration prescrite ci-dessus, un certificat constatant ladite déclaration et mentionnant les renseignements fournis.

ART. 5. — Dans les premiers jours du mois de janvier, le maire fait exécuter des tournées par les gardes-champêtres et les agents de police, pour s'assurer que toutes les déclarations ont été exactement faites.

Art. 6. — Du 1ʳ au 15 janvier, le maire dresse, en double expédition, sur un modèle qui lui est transmis par le commandant de la région, un état contenant les renseignements qui lui ont été fournis par les propriétaires, ou qu'il a pu recueillir.

L'une des expéditions de cet état est adressé au commandant de la région par l'intermédiaire du préfet; l'autre expédition est conservée à la mairie.

Art. 7. — Dans toutes les communes, les maires prennent des dispositions nécessaires pour être, en tout temps, informés de l'ouverture des nouveaux colombiers affectés à l'élève des pigeons voyageurs. Les renseignements recueillis par leurs soins sur ces colombiers sont transmis immédiatement à l'autorité militaire par l'intermédiaire des préfets.

Art. 8. — Les ministres de la guerre et de l'intérieur sont chargés, chacun en ce qui les concerne, de l'exécution du présent décret, qui sera publié au *Bulletin des lois*.

Fait à Mont-sous-Vaudrey, le 15 septembre 1885.

Jules GREVY.

L'instruction suivante a été publiée le 1ᵉʳ novembre 1886 par le ministère de la guerre, état-major général, section technique de télégraphie.

Concours militaires.

Article premier. — Le Ministre de la Guerre accorde annuellement des récompenses et des encouragements aux Sociétés colombophiles qui se conforment aux indications de l'état-major général, pour ce qui concerne les entraînements et les lâchers de leurs pigeons-voyageurs.

Les récompenses consistent en objets d'art et en médailles; les encouragements, en dons de pigeons provenant des colombiers militaires.

Art. 2. — Tout colombophile de nationalité française, ayant satisfait aux prescriptions du 15 septembre 1885 et propriétaire de dix couples de pigeons au moins, peut être admis à prendre part aux concours de l'État, à la condition de faire partie d'une Société colombophile régulièrement autorisée par le préfet du département.

Les Sociétés colombophiles, pour être admises aux concours de l'Etat ne devront comprendre aucun membre de nationalité étrangère : les Sociétés d'ancienne formation qui comptent des étrangers dans leur sein pourront prendre part aux concours subsidiés, mais les membres de nationalité française y seront seuls admis.

Art. 3. — Les Sociétés d'une même ville ou d'un même département ne pourront prendre part aux concours que réunies en une Fédération portant le nom de la ville ou du département d'origine.

Chaque Fédération sera dirigée par un comité formé de représentants de diverses Sociétés, à raison d'un délégué par cinq membres ; ces délégués éliront parmi eux un Président, un Trésorier et un Secrétaire, lesquels formeront le Comité directeur de la Fédération.

ART. 4. — Chaque année, avant le 31 décembre. le Président de la Fédération ou des Sociétés adressent leur demande au ministère de la guerre pour être admis aux concours de l'année suivante.

Ces demandes doivent être accompagnées de la liste des membres de chaque Société, avec indication de leur domicile, de leur profession et de l'effectif de leurs colombiers ; les Sociétés nouvelles joindront à leur envoi une copie de leur réglement dûment approuvé.

Lorsque ces demandes lui sont parvenues, le Ministère arrête la liste des Sociétés admises à prendre part aux entraînements militaires de l'année suivante.

ART. 5. — Un avis est notifié avant le 1ᵉʳ février à chacune des Sociétés ou Fédérations auxquelles il fait connaître la direction des entraînements. les lieux des lâchers et toutes les dispositions relatives aux concours de l'Etat pendant l'année courante.

Après le 1ᵉʳ février, aucune autorisation ne sera plus délivrée : les Sociétés de création nouvelle pourront, jusqu'au 1ᵉʳ avril, adresser leur demande d'autorisation pour les concours de jeunes pigeons ; elles ne seront admises qu'à la condition de se fédérer avec les Sociétés qui existent déjà dans leur ville ou leur département.

ART. 6. — Toutes les opérations relatives aux concours seront faites par les soins des Sociétés ou Fédérations colombophiles. Les procès-verbaux signés par les Présidents des Fédérations ou des Sociétaires contrôlés, s'il y a lieu, par les agents de l'autorité militaire seront légalisés par les maires. Ces procès-verbaux relateront, pour chaque concours, le nombre de pigeons engagés, les noms des propriétaires et le classement des vainqueurs

Ces documents seront transmis au Ministère de la Guerre après les concours des jeunes pigeons.

ART 7. — Les résultats des concours du Gouvernement seront publiés par le *Journal officiel* ; des diplômes nominatifs seront remis aux lauréats.

Les distributions des récompenses se font autant que possible en séances solennelles réunies après entente préalable entre les Présidents des Sociétés et l'autorité militaire locale, qui désigne un officier supérieur pour présider ces réunions.

ART. 8. — Les Sociétés colombophiles pourront, dans certains cas, prendre part aux manœuvres d'automne, avec le corps d'armée de leur région : elle devront en faire la demande en temps utile au ministre, par l'intermédiaire du général commandant la circonscription.

La présente instruction ne sera pas notifiée aux intéressés ; elle sera mise en vigueur à partir du jour de sa publication par le *Journal militaire officiel.*

Protection du pigeon-voyageur.

Paris, 25 Septembre 1887.

Monsieur le Préfet,

Depuis plusieurs années, de grandes quantités de pigeons voyageurs sont tués pendant la durée de la chasse, soit par des braconniers, soit par des chasseurs, qui se croient fondés à les assimiler au gibier ordinaire.

Dans l'intérêt de l'Etat, qui a reconnu *l'utilité des colombiers militaires*, et dans l'intérêt des Sociétés colombophiles qui *s'imposent des sacrifices* pour l'élève de ces oiseaux, mon département a été invité à ntervenir pour les protéger contre la destruction.

Les diverses espèces de pigeons ne sont pas susceptibles d'une règlementation uniforme.

Ceux qui vivent à l'état sauvage sont classés, dans plusieurs départements, par les arrêtés réglementaires de la police de la chasse, dans la nomenclature des oiseaux nuisibles, que le propriétaire peut détruire, sur ses terres, en tous temps et sans permis.

Les pigeons domestiques sont régis par la loi du 4 août 1789 ; de la jurisprudence qui s'est établie en cette matière, il résulte que dans les communes où la fermeture des fuies ou colombiers est ordonnée, pendant un temps déterminé par les arrêtés spéciaux le pigeon est, durant cette période, considéré comme gibier et susceptible d'être classé Lorsqu'aucun arrêté ne prescrit la fermeture des fuies ou colombiers, et c'est le cas le plus ordinaire, *les pigeons sont considérés comme* PROPRIÉTÉ PRIVEE.

A ce titre, ils ne peuvent être chassés ; mais le propriétaire a le droit de les tuer sur ses terres, même à l'aide d'armes à feu, s'ils portent dommage à ses propriétés. Il ne lui est d'ailleurs pas permis de les enlever, et il doit les laisser sur place.

Cette législation ne protège pas suffisamment le pigeon-voyageur.

En raison des services spéciaux auxquels on l'emploie, cet oiseau ne rentre plus dans les conditions prévues par la loi du 4 août 1789 et semble comporter une réglementation spéciale Le pigeon de course ayant perdu son caractère de gibier est devenu *un oiseau essentiellement utile.*

L'oiseau qui peut, à l'occasion, servir de messager à une population assiégée, ne semble pas avoir moins de titre que celui dont l'utilité consiste à dévorer les insectes, pour entrer dans la catégorie des oiseaux utiles, et bénéficier ainsi de la disposition de la loi du 22 janvier 1874, qui permet aux préfets de prendre des arrêtés pour protéger ces espèces contre la destruction.

Tel est aussi le sentiment de mes collègues des départements du Commerce, de la Guerre et de la Justice, dont j'ai eu soin de prendre l'avis.

La classification des pigeons-messagers dans la catégorie des oiseaux utiles aura pour effet de provoquer sur cette matière des décisions judiciaires, et de créer une jurisprudence à laquelle l'autorité administrative ne manquera pas de conformer ses décisions.

Pour ce motif, je vous prie de bien vouloir prendre un arrêté à l'effet d'interdire, dans votre département, *la capture et la destruction en* TOUT TEMPS *et par* TOUS PROCÉDÉS, des pigeons-voyageurs.

Si votre département se trouve du nombre de ceux où la chasse de certaines espèces utiles est déjà prohibée par la réglementation en vigueur, l'arrêté que vous prendrez à l'occasion des pigeons de course pourrait sans inconvénient en reproduire la liste et donner ainsi une nomenclature complète des oiseaux dont la chasse est interdite sous toutes les formes et en toute saison.

Cet arrêté visera la loi du 4 août 1789, la loi du 22 janvier 1874, l'arrêté, s'il y a lieu, qui régit la police de la chasse dans votre département, et les présentes instructions.

La constatation des contraventions, qui incombera, par l'effet de votre arrêté, aux divers agents chargés de la police de la chasse, ne présente aucune difficulté.

Pour s'assurer si les pigeons capturés ou abattus appartiennent aux espèces dont la chasse est interdite, il suffira aux agents de regarder s'ils portent, sous les grandes pennes des ailes, le cachet d'une société ou d'un établissement colombophile. Tout pigeon revêtu de cette marque fait partie de colombiers postaux. Quant au chasseur, il reconnaîtra assez facilement le pigeon-voyageur, oiseau de petite taile et de haut vol, pour ne pas les confondre avec les pigeons domestiques ou sauvages.

Je désire que l'arrêté que vous prendrez, conformément aux instructions contenues dans la présente circulaire, me soit communiqué, afin que je puisse vous présenter telles observations qu'il appartiendra.

(Signé) : *Le Président du Conseil des Ministres.*

Les récépissés de déclaration.

Paris, le 14 avril 1890.

Monsieur le Préfet,

Le 6 août 1877, mon administration vous a transmis une circulaire réglementant la surveillance des pigeons-voyageurs importés de l'étranger.

J'ai l'honneur de vous faire savoir que M. le Ministre de la Guerre m'a signalé l'intérêt que son département attacherait à ce que des dispositions fussent également prises en vue de contrôler les lâchers de pigeons-voyageurs provenant des colombiers établis sur notre territoire.

Vous n'ignorez pas que l'article 4 du décret du 15 septembre 1885 oblige les éleveurs isolés ou Sociétés colombophiles à faire chaque année, à la Mairie, la déclaration du nombre de leurs colombiers, du nombre des pigeons qui y sont élevés et des directions dans lesquelles ils sont entraînés Ces déclarations sont constatées par un récépissé qui est délivré par les municipalités aux intéressés et qui mentionne les renseignements fournis.

D'accord avec M. le Ministre de la Guerre, j'ai décidé qu'il y avait lieu d'inviter les éleveurs et sociétés colombophiles, chaque fois qu'ils expédieront des pigeons pour un lâcher, d'y joindre à la feuille d'expédition *une copie de leur récipissé de déclaration*. Il importera de ne pas leur laisser ignorer que cette pièce est indispensable pour les agents des gares qui procèdent au lâcher ou livrent les pigeons au destinataire chargé de les mettre en liberté.

Dans le cas où les éleveurs ou sociétés colombophiles transporteraient ou convoieraient eux-mêmes leurs pigeons, ils devront toujours avoir soin de se munir de leur récépissé de déclaration, afin de pouvoir le produire à toute réquisition des autorités et des agents préposés à la surveillance.

Les chefs de gare auront à transmettre au Ministre des Travaux Publics (direction des chemins de fer), les récépissés de déclaration fournis par les expéditeurs, après avoir mentionné au verso de ces récépissés, la date et la provenance de l'envoi, le nombre de pigeons expédiés, les conditions dans lesquelles s'est effectué leur lâcher, et, s'il y a lieu, le nom du destinataire qui en aura pris livraison pour les mettre en liberté.

. De leur côté, les autorités et agents préposés à la surveillance devront, chaque fois que les circonstances auront mis à même de constater des opérations de lâchers, vous donner très exactement avis de leurs constatations et des justifications que leur intervention aura provoquées.

Vous voudrez bien me mettre toujours promptement en possession de ces informations sous le timbre de la direction générale (1er bureau).

Conformément aux intentions exprimées par M. le Ministre de la Guerre, la production du récépissé de déclaration ne devra pas être exigée pour les envois de pigeons-voyageurs destinés à prendre part *aux concours du gouvernement ou aux lâchers préparatoires à ces concours.*

Pour pouvoir bénéficier des facilités de transport consenties par les Compagnies de chemin de fer, les Sociétés colombophiles qui effectuent ces concours, sous le patronage du Ministère de la Guerre, sont tenues de présenter aux gares de départ et d'arrivée des certificats délivrés par les Présidents des Fédérations ou Sociétés. *Ces certificats tiendront lieu*, dans ces cas particuliers, du *récépissé de déclaration.*

Je vous prie de porter ces dispositions à la connaissance des personnes qui se livrent, dans votre département, à l'élevage des pigeons-voyageurs.

Vous voudrez bien me donner avis des mesures que vous aurez prescrites à cet effet, en m'accusant réception de la présente circulaire.

Recevez, etc.

Pour le Ministre :

Le Conseiller d'Etat, Directeur de la Sûreté générale,

(Signé) : CAZENOVE

ANNUAIRE

DES

SOCIÉTÉS COLOMBOPHILES FRANÇAISES

AISNE.

CHAUNY. — *La Revanche.*
SAINT-QUENTIN — *L'Union colombophile.*
— *Le Patriote.*
— *L'Hirondelle.*

ALPES (Basses-).

BARCELONNETTE. — (En formation).

ALPES-MARITIMES.

NICE. — *Société Colombophile.*

ARDENNES.

CHARLEVILLE. — *La Carolopolitaine.*
— *Le Ramier.*
GIVET. — *Le Pigeon-voyageur Givetois.*
NOUZON. — *La Nouzonnaise.*
RÉTHEL. — *Le Rapide.*
SEDAN. — *La Sedanaise.*
FUMAY. — *L'Express.*
RENWEZ. — *La Colombe.*

AUBE.

TROYES. — *Le Messager Troyen.*

BOUCHES-DU-RHONE.

AIX — *Le Martinet.*
MARSEILLE. — *La Colombe.*
— *L'Hirondelle.*
MARTIGUES. — *Le Ramier.*

CALVADOS.

BAYEUX — *L'Alliance.*
CAEN. — *L'Espérance.*
— *Le Sport Colombophile.*
— *Neustrie.*
CONDE-SUR-NOIREAU. — *Le Dumont d'Urville.*
DOUVRES. — *L'Hirondelle de la Mer.*
FALAISE. — *La Falaisienne.*
LISIEUX. — *La Colombe.*
MATHIEU. — *Le Ramier Normand.*

CHARENTE.

ANGOULÊME. — *L'Eclaireur.*

CHARENTE-INFÉRIEURE.

LA ROCHELLE — Société *Aide à la Patrie.*
ROCHEFORT. — *La Rochefortaise.*
— *Le Messager Rochefortais.*
SAINTES. — *L'Eclair.*

CHER.

BOURGES. — *Le Pigeon-messager du Centre.*
— *La Colombe du Berry.*

COTES-DU-NORD.

SAINT-BRIEUC. — *Le Messager Briochin*

DOUBS.

BESANÇON. — *La Bysontine.*

DROME.

ROMANS. — *Le Ramier.*

EURE.

EVREUX. — *La Colombe Elbeuvienne.*
— *La Colombe Ebroicienne*
PONT-AUDEMER. — *La Vigilante.*
BERNAY. — *Société Colombophile.*
VERNON. — *Id.* *id.*

EURE ET-LOIR.

CHARTRES. — *La Colombophile.*

FINISTÈRE.

Landerneau. — *L'Hirondelle Bretonne*

GARD.

Nîmes. — *Les Aériens Nimois.*

GARONNE (Haute).

Toulouse. — *Les Courriers Toulousains.*

GIRONDE.

Bordeaux. — *La Gironde.*
— *Les Courriers Girondins*
— *L'Estafette.*
— *Le Ramier Bordelais.*
— *L'Union Patriotique.*

ILLE-ET-VILAINE.

Fougères. — *La Colombophile.*
— *L'Union Française*
Rennes. — *L'Abeille.*

INDRE-ET-LOIRE.

Tours. — *Société Colombophile.*
— *Le Messager.*

ISÈRE.

Grenoble. — *Le Ramier des Alpes.*
Vienne. — *La Défense Nationale.*
— *L'Hirondelle.*
Saint-Symphorien. — *Le Courrier de l'Ozon.*

LOIRE.

Rive-de-Gier — *Les Messagers.*
Lorette. — *Le Messager fidèle de Lorette.*
Ysieux. — *Le Messager d'Ysieux.*
Saint-Chamond. — *Le Rapide.*
Saint-Etienne. — *Fédération de la Loire.*
Grand-Croix. — *La Courageuse.*
— *La Victorieuse.*
Saint-Genis-Terre-Noire. — *La Fraternelle.*

LOIRE-INFÉRIEURE.

Nantes. — *Union Colombophile et l'Epervier réunis*
— *Le Vengeur*
Saint-Nazaire. — *Le Patriote.*
— *Le Pétrel.*

LOIRET.

Orléans. — *L'Orléanaise.*
Chateauneuf. — *La Colombophile.*

LOT-ET-GARONNE.

Marmande. — *La Marmandaise.*

MAINE-ET-LOIRE.

Angers. — *Le Messager Angevin.*
Cholet. — *La Colombe Choletaise.*

MANCHE.

Cherbourg. — *La Colombophile.*
Saint-Lô. — *La Manche.*

MARNE.

Epernay. — *Le Pigeon-messager.*
Reims. — *Le Pigeon-voyageur Rémois.*
— *Les Courriers Rémois.*
— *Le Pigeon franc.*
— *La Colombe Cérès.*
— *La Concorde.*

MEURTHE-ET-MOSELLE.

Nancy. — *Les Eclaireurs.*
— *Société colombophile les Voltigeurs*
Toul. — *La Garde-frontière.*

NORD.

Aniches — *Les courageux du Centre.*
Anzin. — *L'Hirondelle Anzinoise.*
— *Le Martinet.*
Armentières — *Les Eclaireurs de Noé.*
— *Union et Progrès.*

AUCHY-LEZ-LA BASSEE. — *L'Hirondelle.*
BAILLEUL. — *Les Messagers du Siège.*
— *Union et Liberté.*
BAVAY — *L'Hirondelle.*
BERCHEM. - *L'Eclair*, rue du Quai.
BERGUES — *L'Union.*
BLANC-SEAU (Tourcoing). — *Les Amis-Réunis.*
— *Le Pigeon Jaboté*, rue des Carliers.
BONDUES. — *Le Pigeon Meunier.*
BOUSSOIS. — *La Sambre.*
BOUSBECQUES. — *Le Pigeon d'Or.*
BRUAY. — *La Dépêche.*
CAMBRAI. — *La Messagère*
CANTELEU-LEZ-LILLE. — *Le Pigeon Hardi.*
CAUDRY. — *L'Eclair.*
COLLERET. — *La Fraternité.*
COMINES (France) — *La Revanche.*
CROIX (Roubaix). *Les Amis-Réunis.* (Au petit Courtraisien).
DENAIN. — *Les Amis-Réunis.*
— *Le Nouveau Monde.*
DOUAI. — *La Flandre.*
— *L'Union Douaisienne.*
— *L'Espérance.*
DOUVIN. — *Le Rapide.*
DUNKERQUE. — *Le Pigeon-voyageur.*
EMMERIN. — *Cercle Colombophile.*
FERRIÈRE-LA-GRANDE. — *La Renaissance.*
FIVES-LILLE. — *La Plume d'Or.*
— *Le Pigeon Bleu.*
HALLUIN. — *Les Vrais Amateurs.*
— *Les Amateurs Battus*
HAUBOURDIN. — *L'Espace.*
HAUTMONT. — *Le Ramier.*
HAZEBROUCK. — *L'Espérance.*
HELLEMMES. — *Le Ramier.*
HEM. — *La Rapide.*
HOUPLINES. — *Les Eclaireurs de Noé.*
— *Le Rapide.*
LA BASSÉE. — *Le Pigeon-messager.*
— *L'Electricité.*
LANNOY. — *Le Pigeon Bleu.*
— *Les Amis-Réunis.*

Lannoy. — *Société Colombophile* chez Lescouffe-Vamour.

La Gorgue. — *L'Eclair.*

La Madeleine-lez-Lille — *L'Alliance.*

Le Cateau. — *Le Faucon.*

Loos-lez-Lille. — *La Colombe Fidèle.*

— *L'Electricité.*

— *L'Hirondelle.*

Louvroil — *Les Amis-Réunis.*

— *La Dépêche.*

Lys-lez-Lannoy. – *Les Sans-Chagrin*, hameau du Nouveau Monde.

Marchiennes — *La Patrie.*

Marcq-en-Barœul. — *L'Avenir.*

Maubeuge — *Société Aldegonde.*

Merville — *Société Colombophile l'Avenir.*

Meteren — *La Tricolore.*

Moulins-Lille. — *La Grande Vitesse.*

Mouveaux. — *Le Pigeon Bleu.*

Neuf-Mesnil. — *Le Pigeon Noir.*

Neuville. -- *La Colombe Noire*

Petit Ronchin. — *La Ronchinoise.*

Pont-Allant. — *La Patriote.*

Roncq. — *Les Amis-Réunis.*

— *Union Colombophile.*

— *L'Espérance.*

Saint-Amand. — *Le Pigeon Français.*

Le Quesnoy. — *L'Espérance.*

Lille. — *L'Avant-Garde,* chez Deflandre, rue d'Isly, 21.

— *Les Bons Voyageurs,* chez Vantourhoudt, rue de Flers, 23, Fives-Lille.

— *Le Faucon,* chez Brocart, Chemin des Huiles, 1, Fives-Lille.

— *L'Union,* chez Dubrulle, *Au Château,* St-Maurice-Lille.

— *Les Messagers de la Patrie,* chez Allemagne, rue des Meuniers, 53.

— *L'Hirondelle,* Veuve Maret, rue St-Sauveur.

— *La Plume d'Or,* chez Renard, rue du Faubourg-de-Tournai, Fives-Lille.

— *Union et Liberté,* café de l'Horloge, Grande-Place.

— *L'Eclair,* rue St-André, 96.

— *L'Epervier,* chez Modeste, rue du Prieuré, Fives-Lille.

— *L'Epervier,* chez Kiecken, rue d'Esquermes.

— *Union et Progrès,* chez Hespel, rue Léon-Gambetta, 197.

Lille. — *Espoir et Patrie*, rue des Fossés-Neufs, 64.
  — *Saint-Pierre*, rue d'Arcole. chez Fruchart
  — *La Plume d'Argent*, à Fives-Lille.
  — *Le Ramier*, chez Beauvallez, rue de Juliers, 61.
  — *Les Sans Soucis Lillois*, Louis Leclercq.
  — *Société Colombophile*, Lomme-lez-Lille.
  — *La Colombe Fidèle*, Loos-lez-Lille.
  — *La Grande Vitesse*, rue Thumesnil, chez Willems.
  — *Société la Paix*, rue des Postes, 27.
  — *La Poste Aérienne*, rue d'Isly, 66.
  — *Au Pigeon Fidèle*, La Madeleine.
  — *Le Télégraphe*, rue Colbert.
  — *Union Moulinoise*, à Moulins-Lille.
  — *L'Avenir*, square Ruault, 65.
  — *Société l'Union*, rue du Château, St-Maurice-Lille.

Roubaix. — *Pigeon Redoutable*, chez Vangouthem, Fort-Sion (St-Sépulcre).
  — *Saint-Luc*, chez Elie Catteau, à l'Epeule.
  — *Les Francs du Pile*, au Palais, place du Pile.
  — *Couronne d'Or*, chez Vekemans, rue des Longues-Haies.
  — *La Pomme*, chez Catel, rue de Lannoy.
  — *Bon Espoir*, rue de l'Epeule.
  — *Deux Couteaux Blancs*, chez Fremeaux, rue Nabu-chodonosor.
  — *L'Aigle*, rue du Grand-Chemin.
  — *Le Biset*, chez Belmère, rue du Tilleul.
  — *Les Visiteurs du Globe*, chez Deplechin, rue des Fossés.
  — *La Petite grise.*
  — *Fédération Colombophile Roubaisienne*, chez Elie Catteau, rue de l'Epeule
  — *Union et Progrès*, chez Ramsdam, rue de l'Alma.
  — *Les Trois Pigeons*, chez Mesplomb, place du Trichon.
  — *Le Pigeon Ramier*, chez Loucheur, rue d'Isly.
  — *Les Intrépides*, chez Guillaume, rue de Beaumont.
  — *Le Pigeon Blanc*, chez Duthoit, rue de l'Epeule.
  — *Saint-Henri*, chez Schwaertz, rue des Vélocipèdes.
  — *Les Éclaireurs*, chez Leclercq, place de Croix.
  — *Le Pigeon Fidèle*, chez Degraeve, rue Solférino.
  — *Pigeon d'Or*, chez Vanbenderen, rue des Longues-Haies.
  — *Union et Force*, chez Desrousseaux, rue des Arts.

Roubaix. — *Pigeon Marin*, chez P. Dhal, Croix-Blanche.

— *Pigeon Meunier*, chez Baert, près l'Eglise (Blanc-Seau).

— *Le Pigeon-messager*, chez Caron. rue de Lannoy

— *Colombe d'Or*, chez Veuve Catel, Pont du Canal (Blanc-Seau).

— *Epervier*, chez Van Robays, rue Watt.

— *Pigeon Courageux*, chez Renaud, rue de l'Epeule.

— *Le Rapide*, chez Descamps, rue de Wasquehal.

— *Plumes à pattes*, chez Versailles, rue du Tilleul

— *L'Espérance Colombophile, Au retour de Crimée*, rue de l'Epeule

— *Le Pigeon Noir*, chez Desrousseaux, rue Pellart, *A l'Ours*

— *Le Pigeon d'Argent*, rue du Moulin, 146.

— *Société Colombophile*, chez Debucquois, rue de France.

— *La Colombe*, chez Ivo Volcke, rue de Lannoy, 94.

— *Le Pigeon Ecaillé*, chez Namur, rue du Moulin.

— *L'Egalité*, chez Frady, rue Chapelle-Carette.

— *Société Colombophile*, chez Renard, rue Jacquart.

— *Union Fédérale Colombophile de Roubaix*, chez Desfontaine-Denis, rue de Tourcoing, 127.

— *Pigeon Roubaisien*, chez Deregnaucourt, rue d'Inkerman.

— *L'Epervier*, chez Victor Carette, rue d'Archimède.

— Victor Grouillon, rue Voltaire.

— Jules Lepoutre, place Nadaud

— *Le Vieux Pigeon Roux*, chez Jean-Baptiste Baert, rue de la Chaussée

— *La Petite Vitesse*, chez Benjamin Monnier, rue de la Vigne.

— *La Cordiale*, chez Arthur Fleury, rue Drouot.

— *L'Hirondelle*, chez Oscar Lefebvre. rue de l'Alma

— *Le Martinet*, chez J.-B. Niffle, rue Vaucanson

— Louis Vasseur, boulevard Beaurepaire.

— *Trois Macottes*, chez Victor Carette, rue du Grand-Chemin

— *L'Eclair Ailé*, chez Denis-Desfontaines, rue de Tourcoing.

— Vandevelde, rue de Rome.

— *Le Petit Pigeon Bleu*, chez Am. Bayart, rue Chapelle-Carette.

Roubaix. — Gustave Delplanque, rue du Vallon

— Deregnaucourt, rue du Fontenoy.

— L'*Etoile du Nord*, chez Emile Mathon, rue Blanchemaille.

— Achille Lepers, rue Wagram.

— Pierre Desreux, rue Saint-Joseph.

— *Cercle Union*, rue Pauvrée, café Pandore.

— *Les Voltigeurs de l'Enflé*, chez Lequenne, rue
Blanchemaille.

Tourcoing. — *Union Colombophile Tourquennoise*, chez Castelain,
rue de Tournai, *Café d'Isly*

— *Société l'Avenir*, rue du Moulin-Fagot, *Au Petit
Château*

— *La Rapide*, chez Pottié, Désiré, rue de Menin

— *La Colombe*, chez Baert, rue du Château, *A la
Nouvelle-Aventure.*

— *Union et Liberté*, chez Bolin, Alf., rue du Moulin-
Fagot.

— *La Plume d'Acier*, chez Pierre Wagnon, rue de
Paris, *Au Vert Baudet.*

— *La Femelle Blanche*, chez André Desbonnet, rue
du Calvaire.

— *Les Vieux Amateurs*, chez L. Bouillet, rue de
Paris.

— *Le Pigeon Noir*, chez Duquesne, rue de la Mal-
sence.

— *Les Anciens Amateurs*, chez Ponchau, issue Tahon.

— *La Nouvelle Colombe*, chez Hennion, au Pont-de-
Neuville.

— *L'Aile de Fer*, chez Victor Montagne, rue Sainte-
Ursule.

— *La Plume d'Or*, chez Glorieux, Arthur, rue des
Carliers.

— *Union et Progrès*, contour Saint-Christophe, Café
Delvoye.

— *Le Martinet*, rue Winoc-Chocqueel, *Café de la
Brasserie.*

— *Les Petits Amateurs*, chez Amand Faveur, rue de
Paris.

— *Le Pigeon d'Or*, chez Vanzeveren, à la Marlière.

— *Le Pigeon de Tours*, chez Florin, rue de l'Ami-
donnerie.

Tourcoing. – *L'Espérance*, chez Lemaire, rue de Menin.
—   *L'Eclair*, rue de Tournai, *Au Chevalier Vert.*
—   *Les Contentés*, rue de la Blanche-Porte, *A l'Océan.*
Saint-Maurice-Lille — *L'Union* de Saint-Maurice.
Seclin. — *Société Colombophile.*
Solesmes. — *L'Eclair.*
Somain. — *L'Union Somanoise.*
—   *Les Courageux de l'Ostrevent.*
Sous-le-Bois (Maubeuge). — *L'Hirondelle.*
—   —   *La Patrie.*
Templeuve. — *Société Colombophile la Paix.*
Valenciennes. – *Cercle Fédéral du Nord.*
—   *Le Martinet.*
—   *Union et Progrès.*
—   *La Liberté.*
Wasquehal. — *Le Calvaire.*
Wattrelos — *Les Ambulants.*
—   *L'Hirondelle.*
—   *La Plume d'Or.*
—   *Les Intrépides.*
Wavrechain. — *Société l'Avenir.*

OISE.

Creil. — *Union des Messagers rapides.*
—   *La Colombophilie Française.*
Beauvais. — *Société Colombophile.*

ORNE.

Alençon. — *Le Courrier Alençonnais.*
Flers. — *La Navette aérienne.*
Laigle. — *La Colombophile*
Domfront. — *La Domfrontaise.*
La Ferte-Mace. — *La Fertoise.*

PAS-DE-CALAIS.

Air-sur-la-Lys. — *L'Etincelle.*
Arras. — *La Colombe Artésienne.*
Bethune. .— *La Revanche.*
—   *Les Eclaireurs.*

Boulogne-sur-Mer. — *Le Fraternelle.*
— *La Liane.*
Bully-Grenay. — *La Revanche.*
Calais — *L'Express.*
— *La Société Colombophile de Calais-Saint-Pierre.*
— *La Messagère*
— *La Rapide.*
Carvin. — *La Ville de Paris.*
— *Le Progrès.*
Harnes. — *La Patriote.*
Henin-Lietard. -- *L'Avenir.*
La Ventie. — *Pigeon-messager.*
Lens — *L'Avant-garde.*
— *L'Hirondelle.*
Liévin. — *La Pigeonne.*
— *Les jeunes Amateurs.*
— *La Prospérité.*
— *La Liévinoise.*
Lillers. — *Lillers-Express.*
Loos-en-Gohelle. — *Les oiseaux utiles pour la revanche.*
— *Les Bienfaiteurs.*
Montreuil-sur-Mer. — *Société Colombophile.*
Oisy-le-Verger. — *La Patrie.*
Saint-Venant. — *Les Vrais Amis.*

PYRÉNÉES (Basses).

Bayonne. — *Le Pigeon Pyrénéen.*

RHONE.

Lyon. — *L'Hirondelle*, cours Lafayette, 112.
— *L'Intrépide*, place Tolosan, 26.
— *L'Alsace-Lorraine*, café Morel, place Bellecourt.
— *L'Estafette*, rne du jardin des plantes, 9.
— *La Patrie*, rue Tête d'or, 45.
— *La Colombe*, rue Paul Bert.
— *La Vigilante*, Lyon-Vaise
— *La Tricolore*, route de Vienne, 106.
— *Le Ramier Lyonnais.* boulevard de la Croix-Rouge.
— *Le Messager Charpenois*, cour Vilton, café Terrase.
Caluire. — *L'Intrépide.*
Firminy. — *L'Eclair.*
Chambon. — *Le Lion d'Or.*

SAONE-ET-LOIRE.

MACON. — *L'Express.*

SARTHE.

LE MANS. — *Société Colombophile.*

SEINE.

SEINE. — *Les Messagers du Siège*, 2, rue de la Verrerie.
— *Société du Roitelet*, 279, rue des Pyrénées.
— *Société Colombophile de Paris*, 13, rue Aumaire.
— *Société Colombophile Française*, 143, rue Saint-Martin.
— *Union Colombophile de Paris*, 123, rue de Belleville.
— *L'Express*, 141, boulevard d'Italie.
— *L'Avant-Garde*, 191, rue Vaugirard
— *L'Union de Belleville.*
— *La Colombe Messagère*, 79, avenue de Saint-Ouen
— *Société l'Hirondelle*, 9, rue du Delta.
SAINT-DENIS. — *La Poste Aérienne.*
— *La Colombophile.*
CHOISY-LE-ROY. — *Le Messager Français.*
SAINT-OUEN-SUR-SEINE. — *La Rapide.*

SEINE-ET-MARNE.

MELUN. — *Le Messager Patriote.*
FONTAINEBLEAU. — *La Poste sans relai.*

SEINE-ET-OISE.

MEUDON.
VERSAILLES. — *La Colombophile.*

SEINE-INFÉRIEURE.

AMFREVELLE-LA-MIVOIE. — *L'Epervier.*
BLOSSEVILLE-BONSECOURS. — *La Colombe Fidèle.*
CAUDEBEC-LES-ELBEUF. — *La Colombe.*
DARNÉTAL. — *La Paix.*
— *Le Héron.*
DEVILLE. — *La Paix.*
DIEPPE. — *La Manche.*
ELBEUF. — *L'Espérance.*
— *La Fédération Colombophile Elbeuvienne.*

FÉCAMP. — *La Mouette.*
GOURNAY-EN-BRAY. — *L'Hirondelle*
LE HAVRE. — *Le Sport Colombophile.*
— *La Colombe Patriote.*
— *Le Vautour.*
MESNIL-ESNARD. — *Le Martinet.*
OISSEL. — *La Colombe d'Oissel.*
— *Les Amis-Réunis.*
— *La Société colombophile d'Oissel.*
PETIT QUÉVILLY. — *Les Visiteurs du globe.*
ROUEN. — *L'Union de Rouen.*
— *La Colombe.*
— *L'espérance.*
— *La Fédération Colombophile de la Seine-Inférieure.*
SOTTEVILLE — *L'Hirondelle.*
— *Les Messagers Sottevillais.*
SAINT-ÉTIENNE DE ROUVRAY. — *L'Emouchet.*
SAINT-PIERRE-LES-ELBEUF. — *La Concorde.*

SOMME.

ABBEVILLE. — *Pro Patriá.*
AMIENS. — *Les Eclaireurs.*
— *La Picarde.*
— *Le Pigeon d'Or.*
— *Société Colombophile Amiénoise.*
— *Le Ramier.*
— *Les Voltigeurs.*
— *La Messagère.*

TARN-ET-GARONNE.

MONTAUBAN. — *Société Colombophile Montalbanaise.*

VAR.

TOULON — *La Brise.*
— *La Forteresse.*

VAUCLUSE.

AVIGNON. — *La Colombe Fidèle.*

VENDÉE.

LA ROCHE-SUR-YON. — *La Vendéenne.*

VIENNE.

Chatellerault. — *L'Espérance*
   —   *L'Union.*
Poitiers. — *La Colombe Poitevine.*

VIENNE (Haute).

Limoges. — *Les Courriers Limousins.*
   —   *L'Espérance Militaire.*

VOSGES.

Epinal. — *La Garde-frontière.*

SOCIÉTÉS NOUVELLEMENT ORGANISÉES

Launois (Signy). Ardennes. — *Le Petit Ramier.*
Vireux-Molhain.   —   *Le Rapide.*

TABLE DES MATIÈRES

TABLE ALPHABÉTIQUE

DES

PRINCIPALES QUESTIONS TRAITÉES DANS CET OUVRAGE.

A

Avantages de l'élevage du pigeon-voyageur en Afrique, 19. — Allemagne, sociétés civiles et colombiers militaires, 33. — Angleterre, sociétés civiles et colombiers militaires, 38. — Autriche, 44. — Age de producteurs, 78.   Accouplement, 81. — Achat de pigeonneaux, 87. — Avalure, 97. — Alimentation des pigeonneaux, 107. — Affection chez les jeunes pigeons, 114-115. — Acide phénique employé comme désinfectant, 163. — Alimentation du pigeon dans le cours de l'année, 166. — Arthrite, 109. — Annuaire des sociétés colombophiles Française 189. --- Aisne; Allier; Alpes Maritimes; Ardennes; Aude.

B

. Buffon et les pigeons, 7. — Ballons (les), 24. — Belgique (la), 30. — Bouillie (la), 101-102-103. — Barème de l'élevage, 170. — Bague Rosoor pour le marquage de pigeons de concours, 173. — Bouches du Rhône.

C

Courants aériens, 13. — Colombophilie (la) à travers les âges, 26. — Croisés (les) au Caire, 28. — Crédit au budget de l'Empire Allemand pour l'entretien de colombiers militaires, 34. — Concessions des Compagnies des Chemins de fer Allemands, 36. — Colombiers militaires de l'Italie, 41-42. — Colombophilie (la) Française en 1890, 48. — Concours nationaux Français, 49. — Colombophilie maritime, 56. — Congrès de 1889, 56. — Colombophilie et aérostation, 57-62. — Comment il faut installer les pigeons et les colombiers en Afrique, 67. — Carte de l'Afrique avec les stations, les distances kilométriques et la durée moyenne des trajets, 72. — Choix des reproducteurs, 75. — Croisements, 77. — Cases, 83. — Consanguinité, 89. — Célibat (le) du pigeon (mâle et femelle), 93-94. — Comment il faut s'y prendre pour aider une éclosion difficile, 99. — Concours (les), 119. — Classement des pigeons après le dressage, 119. — Comment il faut s'y prendre pour éviter que le pigeon quitte ses œufs, 127. — Champ (le), 129-133. — Comment on habitue les pigeons à se nourrir aux champs, 129. — Choix des champs où doivent manger les pigeons, 131. — Comment il faut traiter les pigeons en hiver dans le Midi et dans le Nord de la France, 141. — Cozyza ou

S'

T

U

V

Y

Tourcoing. — Imp. Rosoor-Delattre.

LA
REVUE COLOMBOPHILE

JOURNAL HEBDOMADAIRE

ORGANE OFFICIEL DES SOCIÉTÉS COLOMBOPHILES FRANÇAISES

FONDÉE EN 1875

PAR

J. ROSOOR

RÉDACTEUR EN CHEF & ADMINISTRATEUR.

Bureaux : Grande Place, 31, Tourcoing (Nord)

ABONNEMENT ANNUEL :

Pour la France et la Belgique . . . 8 francs
Pour les autres contrées. . . . . 10 francs

LIBRAIRIE COLOMBOPHILE

COMPRENANT

tous les Traités & Ouvrages parus sur le Sport colombophile
et la Réglementation des Concours de Pigeons voyageurs.

ACHAT & VENTE DE PIGEONS VOYAGEURS

FOURNITURE DE MATÉRIEL COLOMBOPHILE

Imp. Rosoor-Delattre, 31, Grande Place. — Tourcoing.

www.ingramcontent.com/pod-product-compliance
Ingram Content Group UK Ltd.
Pitfield, Milton Keynes, MK11 3LW, UK
UKHW022215120726
13694UKWH00002B/563